现代水声技术与应用丛书
杨德森 主编

基于深度学习的水中目标
分类识别技术

曾向阳 王 强 著

科 学 出 版 社
龙 门 书 局
北 京

内 容 简 介

目标识别是水声探测中的重要技术环节，也是一项难题。利用深度学习理论开展水声目标信号特征学习与分类识别，已成为当前的研究热点。本书总结了作者及课题组近年来利用深度学习理论开展水中目标识别研究的成果。首先，探讨了典型深度学习模型应用于水中目标识别的可行性问题，在此基础上分别研究了卷积神经网络、循环神经网络、深度卷积生成对抗网络的原理、构建方法、参数优化方法及应用实例。其次，在不同信噪比等条件下，对深度神经网络与传统方法以及不同的深度神经网络进行了对比分析，提出了改进方法，并进一步探讨了深度半监督和无监督水中目标分类识别方法及参数联合优化方法。最后，从功能需求、技术指标、关键技术等角度指出了智能水中目标识别技术的发展方向。

本书可供从事水声探测和水声信号处理相关研究的工作人员参考，也可作为声学、水声工程等相关专业的研究生教学用书。

图书在版编目（CIP）数据

基于深度学习的水中目标分类识别技术 / 曾向阳，王强著. —北京：龙门书局，2023.7
（现代水声技术与应用丛书 / 杨德森主编）
国家出版基金项目
ISBN 978-7-5088-6333-7

Ⅰ. ①基… Ⅱ. ①曾… ②王… Ⅲ. ①水下目标识别 Ⅳ. ①U675.7

中国国家版本馆 CIP 数据核字（2023）第 137386 号

责任编辑：王喜军　高慧元　张　震 / 责任校对：王萌萌
责任印制：师艳茹 / 封面设计：无极书装

科学出版社
龙门书局 出版
北京东黄城根北街 16 号
邮政编码：100717
http://www.sciencep.com

三河市春园印刷有限公司 印刷
科学出版社发行　各地新华书店经销

*

2023 年 7 月第 一 版　开本：720 × 1000　1/16
2023 年 7 月第一次印刷　印张：11 1/4　插页：4
字数：227 000

定价：128.00 元

（如有印装质量问题，我社负责调换）

丛　书　序

海洋面积约占地球表面积的三分之二，但人类已探索的海洋面积仅占海洋总面积的百分之五左右。由于缺乏水下获取信息的手段，海洋深处对我们来说几乎是黑暗、深邃和未知的。

新时代实施海洋强国战略、提高海洋资源开发能力、保护海洋生态环境、发展海洋科学技术、维护国家海洋权益，都离不开水声科学技术。同时，我国海岸线漫长，沿海大型城市和军事要地众多，这都对水声科学技术及其应用的快速发展提出了更高要求。

海洋强国，必兴水声。声波是迄今水下远程无线传递信息唯一有效的载体。水声技术利用声波实现水下探测、通信、定位等功能，相当于水下装备的眼睛、耳朵、嘴巴，是海洋资源勘探开发、海军舰船探测定位、水下兵器跟踪导引的必备技术，是关心海洋、认知海洋、经略海洋无可替代的手段，在各国海洋经济、军事发展中占有战略地位。

从 1953 年中国人民解放军军事工程学院（即"哈军工"）创建全国首个声呐专业开始，经过数十年的发展，我国已建成了由一大批高校、科研院所和企业构成的水声教学、科研和生产体系。然而，我国的水声基础研究、技术研发、水声装备等与海洋科技发达的国家相比还存在较大差距，需要国家持续投入更多的资源，需要更多的有志青年投入水声事业当中，实现水声技术从跟跑到并跑再到领跑，不断为海洋强国发展注入新动力。

水声之兴，关键在人。水声科学技术是融合了多学科的声机电信息一体化的高科技领域。目前，我国水声专业人才只有万余人，现有人员规模和培养规模远不能满足行业需求，水声专业人才严重短缺。

人才培养，著书为纲。书是人类进步的阶梯。推进水声领域高层次人才培养从而支撑学科的高质量发展是本丛书编撰的目的之一。本丛书由哈尔滨工程大学水声工程学院发起，与国内相关水声技术优势单位合作，汇聚教学科研方面的精英力量，共同撰写。丛书内容全面、叙述精准、深入浅出、图文并茂，基本涵盖了现代水声科学技术与应用的知识框架、技术体系、最新科研成果及未来发展方向，包括矢量声学、水声信号处理、目标识别、侦察、探测、通信、水下对抗、传感器及声系统、计量与测试技术、海洋水声环境、海洋噪声和混响、海洋生物声学、极地声学等。本丛书的出版可谓应运而生、恰逢其时，相信会对推动我国水声事业的发展发挥重要作用,为海洋强国战略的实施做出新的贡献。

在此,向 60 多年来为我国水声事业奋斗、耕耘的教育科研工作者表示深深的敬意!向参与本丛书编撰、出版的组织者和作者表示由衷的感谢!

中国工程院院士　杨德森

2018 年 11 月

自　序

　　水声探测是海洋安全防卫和海洋资源开发等领域的关键技术，而目标识别是水声探测链的最后一环，也是一项难度很高的技术。近十年来，水中目标识别技术的应用需求越来越广泛，也吸引了一大批科研人员的关注。2016 年，作者总结课题组多年的研究成果，出版了《智能水中目标识别》一书，对信号预处理、特征提取与选择、分类算法设计等水中目标识别的核心技术进行了较全面的阐述，并指出了以深度学习为代表的几个主要研究方向。近几年，以深度学习为代表的人工智能技术广受关注，其应用迅速渗透至各行各业，基于深度学习的水声目标识别也成为一个热点研究方向。作者所在课题组在国内较早（2014 年）将深度学习理论和方法引入水中目标识别，并在国家自然科学基金项目和中央军委装备发展部"十三五"领域基金重点项目等的支持下取得了一系列研究进展。

　　本书在《智能水中目标识别》一书的基础上，进一步总结了作者及课题组近年来利用深度学习方法开展水中目标识别研究取得的阶段成果。全书共 7 章。第 1 章介绍水中目标识别的应用需求、基本原理、国内外研究状况和存在的瓶颈问题。第 2 章介绍深度学习基本理论及其与水中目标识别技术结合的形式与适用性问题。第 3 章介绍卷积神经网络的原理、池化方法、参数优化方法、改进的卷积神经网络算法及实验验证情况。第 4 章围绕循环神经网络，对几种模型进行比较，并研究不同噪声和工况条件下这些模型的识别性能。第 5 章阐述深度卷积生成对抗网络的构建方法，并探讨其应用效果和影响因素。第 6 章介绍深度半监督和无监督水中目标分类识别方法、参数联合优化方法及实验验证。第 7 章总结全书内容并分析智能水中目标识别技术的发展方向，分别从功能需求、技术指标、软硬件和关键技术几个角度指出本领域的发展趋势。

　　本书第 1、3～5、7 章由曾向阳负责，第 2、6 章由王强负责。书中还包含了作者培养的部分研究生在校期间的工作，他们是陆晨翔、黄擎、汪鑫、周治宇、薛灵芝、杨爽等，作者在此向他们表示感谢。

　　由于作者水平有限，书中难免会有疏漏之处，望读者不吝指正。

作　者
2022 年 10 月

目　录

第1章 水中目标分类识别技术基础

1.1 水中目标分类识别及其应用需求

水中目标识别是指基于人或机器智能,依据各类水中目标辐射(或反射)的噪声信息对其进行分类识别的技术[1]。该技术是水声探测中最后的环节,可为先敌发现并实施有效攻击,从而为增强自身生存能力提供有力的保障,同时也是难度最大的一项技术,尤其是在声隐身技术不断发展的今天,对于水中目标识别技术的要求更高。根据声呐类型可将该技术分为主动识别和被动识别两类。前者利用声呐发射声信号,根据接收到的回波信号特征对目标类别属性做出判决,其优点在于接收到的回波信号中携带着大量有利于分类识别且反映目标本质特性的信息,而且也可以应用于不辐射噪声的目标,但缺点在于隐蔽性差,不利于自我保护。后者利用被动声呐接收到的水中目标辐射噪声信号的特征进行分类识别,虽然无法识别不辐射噪声的目标,但在监听敌方目标的同时不易被其发现,在安全性与隐蔽性方面优于主动声呐,尤其适用于远程目标的分类识别。从实现方式来看,还可以分为人机结合的半自动技术和完全依靠机器软硬件实现的全自动技术。

长期以来,根据水声信号中包含的各种目标特性的细微差异进行分类的技术,主要依靠声呐员人工完成,但是培养高水平的声呐员是一个复杂而漫长的过程,而且声呐员的表现易于受到各种环境因素及其自身心理、生理因素的影响。随着声呐装备智能化程度的提高以及水中目标识别技术的应用越来越广泛,利用机器实现自动识别成为军用和民用领域的重要研究课题。该技术一直是国内外水声学领域关注的焦点问题和亟待解决的技术难题,因此,各国历来十分重视该研究方向的发展。

当前,国际形势日趋复杂,我国的海洋权益面临越来越多的威胁,海防形势非常严峻。提高海军装备智能化水平、维护国家领土完整和海洋权益的需求越来越紧迫,必须依靠自主技术创新来发展我国的海军装备。在现代化海战中,航母、潜艇、各类水面舰、水下机器人、鱼雷、水雷、蛙人、滑翔机等武器系统的协同作战成为大势所趋。准确、及时地发现并识别敌方水中目标,为各个系统和指挥部门提供准确的信息,是克敌制胜的极其重要的环节。尤其对于各海洋大国正在大力发展的无人系统(无人船、无人艇等)而言,研制具有高精度水中目标探测和自动识别功能的智能化电子设备,显得极为关键和紧迫。

与此同时，为了应对水中目标识别技术的不断发展，各海洋发达国家也在不遗余力地加强水中目标的声隐身能力，一些新型舰艇和潜艇的噪声辐射明显降低。例如，美国新型核潜艇辐射噪声甚至接近于海洋环境噪声；德国的常规动力潜艇在 2kn 航速时最低噪声为 68dB，相当于四级海况的环境噪声水平。这些降噪成果对声呐员的听觉识别能力构成了严峻的挑战。因此，发展基于被动声呐的高精度水中目标自动识别方法，防止各类水中目标的突袭，是强化现代战争体系的紧迫任务。

水中目标自动识别研究涉及的一系列理论方法和技术手段不仅可以应用于国防装备研制，还可以在海洋资源勘探、海洋动物研究、语音识别、交通噪声识别、机械故障诊断以及临床医疗诊断等众多领域得到推广应用，因而是一项对国民经济和国防建设具有十分重要理论价值和工程应用价值的重要工作。

1.2　水中目标分类识别技术原理

1.2.1　基本原理

在水中目标识别领域，传统的分类识别主要依靠有经验的声呐员来完成，随着信息处理量的增加和分类识别可靠性、快速性要求的提高，单纯依靠人工识别已不能完全满足现代目标识别系统的需要，必须借助现代计算机技术、信号和信息处理技术、人工智能技术等新的工具，沿着人工识别到人机结合，再到全自动识别的道路发展，才能更好地为装备信息化和智能化提供技术支撑。

水中目标自动分类识别属于模式识别（pattern recognition）的范畴。模式识别是对表征客观事物或现象的各种形式（数值、文字、逻辑关系）的信息进行处理和分析，以对事物或现象进行描述、辨认、分类和解释的过程，是信息科学和人工智能的重要组成部分。

模式识别又称为模式分类，其中，模式（pattern）是某一类客观事物或现象的类别总称，而该模式中具体的一个对象可以看作一个样本（sample）。对于水中目标而言，舰船、海洋动物等都可以作为模式，而通过声呐获取的某艘舰船或某种动物的声信号作为样本。模式识别的主要任务是利用计算机对某些物理对象进行分类，在错误概率最小的条件下，使识别的结果尽量与客观事物相符，即利用机器来实现人对各种事物或现象的分析、描述、判断和识别。相应地，水中目标识别就是要利用计算机等工具实现对不同类别水中目标（能够辐射声信号）的自动辨识。

目前，国内外对于水中目标识别的主要研究方法分为两种：第一种方法基于现代信号与信息处理理论和统计模式识别的方法以及基于传统信号处理方法对线谱特征进行分析进而解算物理参数；第二种方法一般通过解算目标螺旋桨参数以及低频线谱特征并通过与目标参数数据库进行比对，获得目标的大致类别。由于不同目标经常使用相同的机械构件，使用该方法无法完成对目标进行个体识别的任务。当前研究的热点是通过采集水声目标声学信号，构建声学特征库，通过对比目标声信号特征，在类别上进行更精细的划分。这种方法需要对水声信号进行特征提取，以及在声学数据库基础上利用模式识别方法对目标进行划分。

第一种水中目标识别的方法是本书研究的主要内容，其基本依据在于不同类水声目标辐射噪声具有区分性。目前的研究表明，水中目标辐射噪声可认为受到多种因素的影响，这些因素可归纳为与类别有关的因素和与类别无关的因素。与类别有关的因素对水声信号产生过程造成的影响是十分重要和显著的，这类因素包含目标重量、机械设备、螺旋桨、船体结构、运动速度等。与类别无关的因素包括水声通道、环境噪声、距离等。与类别无关的因素导致的差异可视为同类目标类内差异或不同工况的差异。在数据充分的情况下，其特征的分布特性可通过模式分析的方法得到。不同类别的目标样本存在差异是水中目标分类或识别任务的基础。一般情况下，不同类目标的差异性是可以保证的。对目标辐射特性方面的研究反映了不同类目标的差异性，可为提取声学特征提供一定的理论指导。从声音产生的机制上来看，目标辐射噪声被认为主要由机械噪声、螺旋桨噪声和水动力噪声等组成。不同类目标辐射噪声信号的差别至少可在以下几个方面有所体现。

（1）不同的船载机械设备（发动机、汽油柴油机、电机等）、推进设备（转轴、减速器）以及其他辅机（空调机、通风机、泵）等机器或机械设备产生的机械噪声不同。

（2）螺旋桨参数不同引起的螺旋桨辐射特性不同。螺旋桨辐射噪声分为空化噪声、螺旋桨叶片振动时产生的"唱音"等。空化噪声、螺旋桨叶片振动等都是受到螺旋桨激励产生的，不同类目标螺旋桨参数不同，激励产生的辐射噪声具有明显差异。不同目标空化噪声水平不同，会产生不同的连续谱趋势。

（3）由船体结构等不同引起的水动力噪声不同。水动力噪声是由于在流体动力学效应下，不规则或起伏的海水作用于运动目标所发出的噪声。海水激励会引发舰船船体结构、空腔、板和其他结构共振产生噪声。显然，不同船体结构、空腔、板和其他结构共振峰出现在频率轴上的位置不同，由此引起的水动力噪声也会出现显著差异。

从声信号处理角度上看，上述噪声可分为连续谱和线谱分量。这两种成分产生的机理不同，其中舰船噪声的宽带连续噪声谱分量主要由空化噪声和机械噪声两部分组成，水下目标和水上目标在空化噪声的构成上具有显著差异，连续谱的高频衰减趋势也会因此出现差别。产生线谱的噪声源有三类：往复运动的机械噪声、螺旋桨叶片共振线谱和叶片速率线谱、水动力引起的共振线谱。螺旋桨噪声是由螺旋桨旋转产生空化造成的，一般出现在舰艇噪声宽带连续谱的高频段。

螺旋桨噪声的功率谱在高频以一定的斜率下降，根据目标特点不同，这个斜率一般是 -10～-3dB/倍频程。在较为纯净的实验室测量时，功率谱在低频段一般有正斜率，上升段的终点在 100～1000Hz 范围内。宽带谱中低频段主要的噪声是机械噪声，若机械噪声较为突出，上升段可能不存在。舰船辐射噪声中的线谱分量主要集中在 1000Hz 及以下的低频段。以此为依据，在水声目标特征提取时，对于较为纯净的目标信号，最高分析频率通常不超过 4kHz。

传统目标线谱特性的研究在噪声产生机理上更深入一些。主要方法是对目标辐射噪声的低频分析与记录（low frequency analysis and recording，LOFAR）谱和噪声包络信号识别（detection of envelope modulation on noise，DEMON）谱[2]进行分析。某商船的 LOFAR 谱和 DEMON 谱如图 1-1 所示。

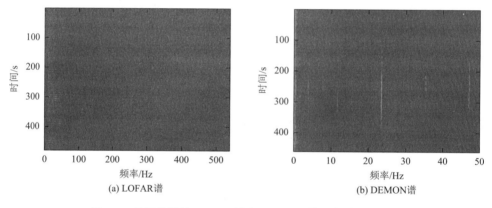

(a) LOFAR谱   (b) DEMON谱

图 1-1   目标信号的 LOFAR 谱和 DEMON 谱（彩图附书后）

从 LOFAR 谱中可分析目标的孤立线谱和在低频段的螺旋桨轴、叶频线谱。而 DEMON 谱可以更精细地分辨出目标螺旋桨轴叶参数。根据信号处理理论，DEMON 谱中线谱分量实际上反映了 LOFAR 谱中的指定分析频段范围内的连续谱或线谱周期性变化的调制特点。因此，LOFAR 谱是对目标特性更为全面的表现，DEMON 谱则更突出显示了 LOFAR 谱结构中的调制谱分量。这两种谱会随着目标螺旋桨结构的不同产生显著的差异。

综上所述，不同类别的目标采用的物理结构（机械设备、螺旋桨、船体结构等）不同，从声音产生的机理来看，螺旋桨结构的不同会导致螺旋桨叶片共振线谱和叶片速率线谱在频谱上出现的频率位置不同，螺旋桨噪声的特点也会出现差异，由于机械结构的不同，目标辐射噪声的部分线谱分量存在的位置也会有差异。船体结构的不同会导致水动力噪声的共振峰出现位置不同。因此，不同目标产生的声音在其噪声组成的各个方面都会体现出差异。这些差异可通过 LOFAR 谱或 DEMON 谱体现出来,是对目标通过声学特征进行分类识别的基础。本书介绍的常见特征虽然并没有对这些目标特性进行直接分析,但是其特征提取的信息源来自能够反映这些特性的 LOFAR 谱或功率谱。从本质上看,不同类目标的差异在不同特征域都有所表现,这是利用模式识别方法区分不同目标并进行目标识别的基础。

基于现代信号与信息处理理论的统计模式识别方法的基本原理是:具有相似性的样本在模式空间中互相接近,即"物以类聚",不同模式的样本必定存在某些信息上的差异性,这种差异性可以根据已有样本进行统计而获得,通常用距离函数来度量。对于未知的某个样本,首先计算得到其特征向量,然后根据统计模式之间的距离函数来进行判别分类。

基于这类方法的被动水中目标识别系统通常由以下几个部分组成:数据获取、信号预处理、特征提取、特征选择、分类决策(学习与分类)。具体如图 1-2 所示。

图 1-2　水中目标自动识别原理图

其中,数据获取是指将声源辐射的声信号接收并存储,一般通过各种传感器(传声器、水听器等)来完成;信号预处理根据信号的特性有所差别,对于语音信号,包括信号增强、分帧、加窗、预加重等;对于其他声信号,主要是通过信号降噪达到提高信噪比的目的(经过一定通道传输的信号难以避免地包含噪声信号);特征提取和特征选择是从接收信号中提取声源的各类特征并进行优化选择的过程,是分类辨识中最为关键的一步;分类决策是在对信号类别及其特征按照一定的算法进行学习/训练后,对任意给定信号的类别进行判决,这属于数据挖掘领域,已有多种算法(如 K-近邻法、人工神经网络法、SVM 算法)可用。

1.2.2　信号预处理

为了给特征提取等技术环节提供更高品质的信号,信号预处理一般需要完成:干扰抑制、频率提升、分帧、幅值规整等。其中,一个主要任务是降低噪声,提高信噪比。已出现的方法非常多,最典型的包括滤波、小波分析、独立分量分析、经验模态分解、倒谱域分析等。

1. 滤波

滤波是最常用也是最基本的信号去噪方法，应用最多的包括维纳滤波、卡尔曼滤波、自适应滤波等。

维纳滤波采用最小均方误差（minimum mean-square error，MMSE）准则设计一个数字滤波器（维纳滤波器），带噪信号通过此滤波器便得到信号的估计。从带噪幅度谱中减去经过维纳滤波器后的噪声分量幅度谱，然后加上带噪声频谱的相位，再经过傅里叶逆变换就得到增强的信号。该方法能够保证在平稳条件下最小均方误差意义下的最优估计，但如何得到与带噪信号中的噪声一致的噪声？这一问题限制了该方法的适用范围。

卡尔曼滤波方法弥补了维纳滤波的缺陷，在非平稳条件下也可以保证最小均方误差意义下的最优估计。该方法的原理是通过构造卡尔曼滤波器对含噪信号进行滤波，用线性预测编码（linear predictive coding，LPC）分析参数实现波形最小均方误差意义下的最佳估计器。这种方法的缺点是需要迭代估计模型参数，在噪声强时误差较大，计算量也较大。

自适应滤波去噪是随着现代信号分析处理技术发展起来的，它将噪声引入系统，和混有噪声的有用信号在系统内进行联合作用，通过自适应滤波，系统输出的是去除或者显著减轻噪声的信号。最小二乘法（least square method，LSM）就是一种自适应滤波方法。它利用已知的噪声功率谱信息，从含噪信号频谱分量中估计出纯净信号频谱分量，借助含噪信号相位得到增强的声信号。同样，如果所接收到的信号有周期性，可采用自适应梳状滤波器来提取含噪信号中的信号分量，抑制噪声分量，这种方法被称为谐波增强法。梳状滤波器的输出信号是输入信号的延时加权和的平均值，当延时与周期一致时，这个平均过程将使周期性分量得到加强，而其他非周期性分量或与信号周期不同的其他周期性分量受到抑制或消除。自适应滤波去噪的缺点是会残留一定的"音乐噪声"。此外，在谐波增强法中，声信号的基频周期是关键。如果需要估计，则其精确度是该方法实现效果的重要条件，但这在背景噪声较强的情况下存在困难。特别是对于本身就是噪声的水中目标辐射的声信号，这种方法难以应用。

2. 小波分析

小波分析（wavelet analysis，WA）是 Morlet 于 20 世纪 80 年代初在分析地球物理信号时提出来的一个数学工具[3]，至今已经发展得较为完善，应用广泛。小波变换能将信号在多个尺度上进行分解，各尺度上分解得到的小波变换系数代表信号在不同分辨率上的信息。声信号和噪声之间具有不同的 Lipschitz 指数，即信号具有正奇异性，而随机噪声具有负奇异性。这种性质在小波变换中，表现为信号的变换模值随尺度的增加而增加,随机噪声的变换模值随尺度的增加而减小。由于小波基与信号的相似性越大,小波变换后信号和噪声的频谱重叠区就越小,因此可以选择不同的基,把信号和噪声的频谱重叠区尽量减小,通过滤波器的自适应性,来达到对信号的去噪效果。

小波去噪主要有以下三种方式:小波变换模极大值去噪方法、高频小波系数置零的去噪方法、小波阈值去噪方法。

3. 独立分量分析

独立分量分析(independent component analysis,ICA)[4]是伴随着盲源分离(blind source separation,BSS)问题而发展起来的一种统计信号处理的新技术,其处理对象是相互统计独立的信号源经线性组合而产生的一组混合信号,最终目的是从混合信号中分离出各自独立的信号分量。作为一种盲信号分离技术,ICA 在一定的条件下仅仅利用多个观测信号,就能有效地分离出源信号。

在 ICA 分离过程中有两个基本限制条件:首先,只能估计非高斯独立分量(或者仅有一个高斯独立分量);其次,观测信号个数必须大于等于独立信号个数。另外,在进行独立分量分离时,虽然可以分离出独立分量,但不能保证各独立分量分离的顺序。ICA 理论及其分离算法的关键在于如何度量分离结果的独立性,可以通过对分离结果的非高斯性度量来标识分离结果间的相互独立性,当非高斯性度量达到最大时,表明已分离完成。

4. 经验模态分解

1998 年美籍华人 Huang 提出一种新的信号分析理论——Hilbert-Huang 变换[5],其主要创新是固有模态函数概念的提出和经验模态分解的引入,核心是对信号进行经验模态分解(empirical mode decomposition,EMD)。EMD 在每一时刻首先分解出尺度最小的本征模函数(intrinsic mode function,IMF)分量,然后分解出尺度较大的 IMF 分量,再分解出尺度更大的 IMF 分量。阶数越低,其含有的高频成分越多。通过基于固有模态函数的信号展开,幅度与频率调制也被清楚地分开。求解 IMF 的分解过程可以解释为尺度滤波过程,每一个 IMF 分量都反映了信号的特征尺度,代表着信号的非线性非平稳信号的内在模态特征。利用经过选择的 IMF 分量重构信号即可达到去噪的目的。

包络线和均值曲线的拟合是 EMD 方法的关键问题,因为拟合结果直接关系到 EMD 方法的分解结果。三次样条插值法是现有包络线拟合和均值曲线拟合的常用方法,既能克服高次多项式插值的缺陷,又能保证一定的光滑性。但对非均匀插值点,三次样条插值容易造成过冲和欠冲现象,在进行 EMD 分析时会出现明显的虚假频率。由于该变换是基于信号局部特征和自适应的,因而是高效的,特别适用于分析频率随时间变化的非线性、非平稳信号。

5. 倒谱域分析

前述方法都是针对加性噪声,针对海洋传输通道的变化而引起的卷积噪声则需要研究不同的方法。倒谱域分析是目前常用的手段,它将声信号与通道传输函数在倒谱域分离,便于进行后续处理。假设传输通道的性质在较长的一段时间内不变(相对声信号而言),即传输通道的倒谱不变,并假设通道引起的卷积噪声与声信号不相关,则可以通过对卷积噪声的倒谱做出一个估计,并予以扣除,从而达到去除噪声的目的。

这类方法目前主要有相对谱(relative spectra,RASTA)[6]、倒谱均值减(cepstral mean subtraction,CMS)[7]、倒谱均值归一化(cepstral mean normalization,CMN)[8],它们的共同点是都需要将时域信号转换为倒谱域信号。

1.2.3 特征提取

长期以来,为了提高水中目标识别的正确率,研究人员从不同的角度和应用领域出发,对水中目标辐射噪声原始信号进行了分析和研究,提取了一系列有效的特征参数,主要包括以下几类:时域波形特征(如过零点分布、峰间幅值分布、波长差分布及波列面积分布等)、频域分析特征(如线谱、宽频谱形、高阶谱等)、时频分析特征(如短时傅里叶变换瞬时特征、小波包提取特征等)、非线性特征(如混沌分形特征等)、听觉特征(如心理声学参数、听觉模型参数等)和可视化特征(图像特征)。

1. 波形特征

最早出现的是基于时域波形结构的特征提取,主要的特征参数有过零率、峰间幅值分布、波长差分布、波列面积等,该方法实现过程较为容易,但是对于一些复杂的水下噪声信号的分类识别显得无能为力。

2. 频谱特征

基于谱估计的特征提取方法主要包括:经典谱估计、现代谱估计、倒谱分析、DEMON 谱分析、LOFAR 谱分析等。功率谱和相关函数是二阶统计特性,随机过程是正态分布时,它们能完全代表过程的特性。但实际的水声信号或噪声往往不是理想的高斯分布,用二阶统计特性不能全面地描述信号特性,只有高阶统计特性(high-order statistics,HOS)才能更全面地反映非高斯信号的特性。高阶统计量[9]一般有高阶累积量、高阶矩和高阶谱，都具有抑制加性噪声的能力，并保留了相位信息。基于二次累积量的双谱具有比功率谱更引人关注的优点：对非最小相位系统中两类信号的功率谱可能是相同的，难以区分，但双谱的相位保持特性可以辨别；DEMON 幅度谱中基频的频率对应螺旋桨的转速，这对被动目标识别具有重要作用。

3. 小波特征

传统的傅里叶变换有时间积分作用，平滑了非平稳随机信号中的时变信息，因而其频谱只能代表信号中各频率分量的总强度。采用短时傅里叶变换（short time Fourier transform，STFT）对时变信号逐段进行分析，虽具有时频局部化性质，但其时间分辨力和频率分辨力是互相矛盾的，不能兼顾。而小波变换通过对原小波的平移和伸缩，能使基函数长度可变，因而可获得不同的分辨力。小波变换可根据信号特点，对于大尺度小波分解，可利用其高的频域分辨力，从频域提取能量分布特征；对于小尺度小波分解，可利用其高的时域分辨力，从时域提取波长分布及幅值分布特征。由于小波变换具有恒 Q 值滤波器组特性，不仅可以取代普通滤波器组，提取多尺度解调谱特征，而且可减少滤波器组的设计量和计算量。由于小波变换具有时频局部化特点，可将一维的水声信号映射到二维时频平面上，构成信息丰富的时频图，提取时频图像特征。同时，对于小波变换的离散形式，存在高效算法，实现也比较方便。理论和实践证明，用小波变换提取特征是一种十分有潜力的方法，便于构成对目标特性的全面认识。它在图像压缩、信号检测、生物医学信号分析等一系列科技领域中得到了许多应用，理论分析和应用领域都得到了发展和拓展。

4. 非线性特征

随着非线性分析及混沌理论的发展，非线性手段的日渐成熟，水下噪声信号在一定程度上也存在着混沌现象，因此，利用非线性方法来提取水下噪声信号的特征也具有可行性，由此得到的特征参数有相空间轨迹、Lyapunov（李雅普诺夫）指数、分形维特征等。研究表明，不同类型的信号具有不同的分形维特征，将分形维作为目标的识别特征是有效的[10]。此外，利用神经网络的非线性和高容错能力以及对数据的有效压缩等特性来对信号进行特征提取和分类也是一种有益的尝试。

5. 听觉特征

近年来，随着人们对人耳听觉模型研究的深入及人工智能的迅速发展，基于人耳听觉特性的特征提取方法成为研究的热点，相应的特征参数有：梅尔频率倒谱系数（Mel-frequency cepstrum coefficients，MFCC）、感知线性预测（perceptual linear prediction，PLP）、响度、尖锐度、粗糙度以及波动强度等[11]。此外，在对人耳听觉模型进行深入研究后，如 Gammatone 基底膜模型、Meddis 内毛细胞模型，可以得到更多相关的听觉特征参数。不过，人耳听觉机理还是一个尚未完全破解的难题，这方面的研究还有很大的空间。

6. 可视化特征

声信号是一维信号，如果将其转化为图像这种二维信号，可能包含更多潜在特征信息，而且图像特征提取技术发展相对更为成熟，已有大量成功的应用，也为这种思路提供了技术支撑。作者所在课题组已开展这方面的探索研究，取得了一定的进展[12]。首先需要对声信号进行可视化处理，得到其可视化图像，然后对图像进行灰度化，提取其纹理特征，如基于灰度-梯度共生矩阵（gray level-gradient co-occurrence matrix，GGCM）的纹理特征。这些图像特征还可以与传统的声学特征进行融合，进一步增强识别效果。

7. 稀疏特征

水声目标辐射噪声的频谱具有一定的稀疏性，因而可以采用稀疏表示（sparse representation）[13]方法对其进行处理，不仅可以提供一种新的特征表达方法，还可以利用稀疏处理的优势达到去除噪声的目的。在此基础上，还可以进一步发展结构化稀疏特征提取方法。

1.2.4　特征选择与融合

特征选择与特征提取的区别在于：特征提取使用映射（或变换）的方法将原始数据转化为较少的新特征向量（参数）；而特征选择是从原始特征中挑选出一些最能反映数据本质特性的特征，在特征选择过程中没有新特征产生。最简单的特征选择方法是根据专家的知识（或先验知识）挑选那些对分类最有影响的特征。但对于一般的研究人员和实际数据来讲，并没有积累可用的先验知识，因此只能使用数学的方法进行筛选比较，找出包含分类信息最多的特征。

对于实际数据，所选择的特征集合正确与否或有效与否，是用分类器的分类正确率衡量的，因此，特征选择问题通常与学习算法紧密联系。特征选择实际上是从给定数据的原始特征集合中选择一个最优的特征子集，使得分类器对给定数据的分类正确率最高。通常最优的特征子集并不是唯一的，这是因为在有些情况下，对于不同的特征子集有可能得到相同的分类正确率（如在两个完全相关的特征存在的情况下，两个特征可以互换使用）。

在机器学习和数据挖掘领域中虽然已经对特征选择问题进行了广泛的研究，并提出了许多有效的特征选择方法，但水中目标的识别特征数据由于自身所具有的独特性，现有的特征选择方法并不一定适用于该类数据的特征选择。而且在水中目标分类识别研究中，特征的优化选择研究与特征提取研究相比，公开报道较少，其中一些研究工作只是将不同特征简单组合，或者简单合并后进行维数压缩。

目前应用于水中目标特征选择的方法有搜索算法、迭代算法、遗传算法、粗糙集理论等。这里只介绍它们的概念，详细方法在第 3 章将专门阐述。

1. 搜索算法

在特征选择搜索算法中，常用的搜索算法有穷举法、启发算法和随机法。运用穷举搜索找出特征的最佳子集可能是不现实的，特别是当数据集和数据类的数目剧烈增加时。因此，对于特征子集选择，一个好的搜索方法是特征选择步骤成功的关键。

在搜索算法中，特征评价函数是一个关键参数。评价函数是对某一特征或特征子集划分不同类别能力的一种度量。使用评价函数对搜索过程中产生的特征集合的好坏进行评价，将特征集合的评价函数值和当前的最优值进行比较，如果该特征集合的评价函数值优于当前的最优值，则用该特征集合代替当前的最优特征集合。一般来讲，所选择的最优特征集合与评价函数的选择有很大关系，使用不同的评价函数可能选择不同的最优特征集合。特征选择方法中常用的评价函数有距离评价函数、信息评价函数、相关性评价函数、一致性评价函数和分类正确率评价函数。

可以进一步将搜索式特征选择分为启发式搜索算法和惯序式搜索算法两类。前者包括逐步向前选择、逐步向后删除、向前选择和向后删除结合的方法。后者包括逐步向前选择和逐步向后删除方法。

2. 迭代算法

Relief 算法是迭代算法中的典型代表。具体实现过程为：首先从训练样本集中随机地选择一定数目的样本，对每一个样本，基于欧氏距离准则找出该样本的两个近邻，其中一个样本与该样本属于同一类别（称为 Near Hit），另外一个样本与该样本分属于不同类别（称为 Near Miss）。将各特征的权值初始化为零，对各特征的权值进行更新，原理为：一个相关特征应使同类的样本取相同的值，且能区分来自不同类的样本。如果某一特征能够区分某一样本和离该样本最近的不同类样本，则该特征与类别的相关性较强，增大该特征的权值；如果某一特征能够区分某一样本和离该样本最近的同类样本，则该特征与类别的相关性较弱，减小该特征的权值。当对选出的所有样本都进行计算之后，选择特征权值不小于某一给定阈值的所有特征。这种特征选择方法对于连续特征和离散特征都适用，且所用的时间较短。

3. 遗传算法

在遗传算法中，染色体对应的是数据或数组，通常是由一维的串结构数据来表现的。串上各个位置对应基因，而各位置上的值对应基因的取值。基因组成的串就是染色体，或者称为基因型个体（individual）。一定数量的个体组成了群体（population）。群体中个体的数目称为群体的大小（population size），也称为群体规模。而各个体对环境的适应程度称为适应度（fitness）。

遗传算法是一种群体型操作，该操作以群体中的所有个体为对象。选择（selection）、交叉（crossover）和变异（mutation）是遗传算法的三个主要操作算子，它们构成了遗传操作（genetic operation），使遗传算法具有其他传统方法没有的特性。

遗传算法中包含如下五个基本要素：①问题编码；②初始群体的设定；③合适度函数的设计；④遗传操作设计；⑤控制参数设定。这些要素构成了遗传算法的核心内容。

4. 粗糙集理论

信息系统的每一对不同类样本都由一定数目的特征区分，在这些特征中，只有一部分特征对区分信息系统的不同类样本是必要的。因此，可以在保持信息系统中各样本之间的分辨关系不变的前提下，对识别特征进行选择，使用最小数目的特征对信息系统中的所有样本进行区分。这是粗糙集理论的基础，其核心是特征集合的度量与计算、评价特征重要性的信息熵计算、分辨矩阵计算等。

1.2.5　分类决策

分类器设计是水中目标识别各个环节中的最后一步，也是十分关键的技术之一。国内外研究工作者在水中目标识别系统中已采用的分类方法包括：聚类算法、决策树算法、近邻算法、隐马尔可夫模型、神经网络算法及与其他领域新方法混合的分类器。基于统计学习原理的支持向量机（support vector machine，SVM）分类方法在近年来也被逐渐应用到这个领域中。目前，分类器集成技术已开始受到关注，但多限于同种分类器的简单组合，在异种多分类器融合方面还有不小的发展空间。以下简要介绍常用的几种分类决策算法。

1. 近邻算法

近邻算法[14]采用向量空间模型来分类，基本原则是相同类别的样本之间相似度高，因而可以借由计算与已知样本的相似度来评估未知样本可能的类别。K-近邻是一种基于实例的学习，或者是局部近似和将所有计算推迟到分类之后的惰性学习。K-近邻法是将在特征空间中最接近的训练样本进行分类的方法，也是所有机器学习算法中最简单的算法之一。如果 $K=1$，那么对象被简单地分配给其近邻的类。同样的方法可被用于回归，如简单地将对象属性值分配为其 K-近邻属性值的平均值。它可以有效地衡量邻居的权重（weight），使较近邻居的权重比较远邻居的权重大。一种常见的加权方案是给每个邻居权重赋值为 $1/d$，其中 d 是到邻居的距离。虽然没要求明确的训练步骤，但这也可以当作是一种训练样本集的算法。K-近邻法对数据的局部结构是非常敏感的。这种算法的不足是需要大量的距离计算，因此比较耗费时间。

2. 决策树算法

决策树（decision tree）算法[15]是一种非常典型的分类方法，也是数据挖掘领域最有代表性的算法之一。决策树是一种基本的分类与回归方法。决策树模型呈树形结构，表示基于特征对实例进行分类的过程。它可以认为是 if-then 规则的集合，也可以认为是定义在特征空间与类空间上的条件概率分布。在分类时，首先对数据进行处理，利用归纳算法生成可读的规则和决策树，然后使用决策树对新数据进行分析。决策树算法本质上是通过一系列规则对数据进行分类的过程，因而规则生成方法是这种算法的一个关键。

决策树算法最早产生于 20 世纪 60～70 年代。ID3 算法目的在于减少树的深度，但忽略了叶子数目的研究。C4.5 算法在 ID3 算法的基础上进行了改进，对于预测变量的缺值处理、剪枝技术、派生规则等方面做了较大改进，既适合于分类问题，又适合于回归问题，应用非常广泛。

3. 贝叶斯分类算法

贝叶斯（Bayes）分类算法[16]是一类利用概率统计知识进行分类的算法。主要利用贝叶斯定理来预测一个未知类别的样本属于各个类别的可能性，选择其中可能性最大的一个类别作为该样本的最终类别。贝叶斯定理的成立本身需要一个很强的条件独立性假设前提，而此假设在实际情况中经常是不成立的，因而其分类准确性就会下降。因此，后来发展了许多降低独立性假设的贝叶斯分类算法，如树增强朴素贝叶斯（tree augmented naive Bayes，TAN）算法，它是在贝叶斯网络结构的基础上增加属性对之间的关联来实现的。

4. 神经网络算法

人工神经网络（artificial neural network，ANN）[17]是进行模式识别的一种重要工具和方法。它要求的输入知识较少，而且适合于并行实现，所需操作简单（主要工作是对输入向量和权向量的乘积求和），因此在信号处理、自动控制和图像处理等很多领域都有重要应用。据统计，目前已有 200 余种神经网络模型和 10 多种常用的学习方法，而且各种各样的新网络模型和新学习算法还在不断产生。其中，使用最为广泛的还是 Rumelhart 等[18]于 1986 年提出的前向多层网络的反向传播（back propagation）学习方法，简称 BP 算法。本书将要重点介绍的深度学习理论中的深度神经网络也是在这些研究基础上发展起来的。

5. 隐马尔可夫模型

隐马尔可夫模型（hidden Markov model，HMM）[19]是一种统计模型，用来描述一个含有隐含未知参数的马尔可夫过程。其难点是从可观察的参数中确定该过程的隐含参数。利用这些参数可以做进一步的分析，如模式识别。在正常的马尔可夫模型中，状态对于观察者来说是直接可见的。这样，状态的转换概率便是全部的参数。而在隐马尔可夫模型中，状态并不是直接可见的，但受状态影响的某些变量则是可见的。每一个状态在可能输出的符号上都有一个概率分布，因此输出符号的序列能够透露出状态序列的一些信息。

6. 高斯混合模型

高斯混合模型（Gaussian mixture model，GMM）[20]是一种基于贝叶斯判决理论的统计概率模型，可以将分类识别问题转化为估计目标样本特征的分布问题。其原理基于：①任何分布都可用多个高斯分布来近似；②目标的类别信息隐藏在其辐射的噪声信号中，而这些不同的信号样本可分为不同的类，并可用高斯模型来描述。GMM 使用不同的高斯模型将同一个目标不同的样本进行无监督学习（unsupervised learning），并认为训练完毕的 GMM 描述了不同样本的分布。GMM 进一步压缩了用于描述目标样本特征的数据量。

7. SVM 算法

Vapnik 等在多年研究统计学习理论的基础上对线性分类器提出了另一种设计准则[21]。其原理也从线性可分说起，然后扩展到线性不可分的情况，甚至扩展到使用非线性函数中去，这种分类器被称为 SVM。SVM 是基于统计学习理论（statistical learning theory，SLT）的一种新的学习方法，这种方法针对的是有限样本情况，其目标是在有限样本的信息下得到最优解，SVM 算法已在模式识别、回归估计等多方面得到了广泛的应用。该算法的基本思想可概括为：首先通过非线性变换将输入空间变换到一个高维空间，然后在这个新空间中求取最优线性分类面，而这种非线性变换可以通过定义适当的内积函数来实现。

SVM 最早是针对线性可分的两类识别问题提出来的，对于多类识别问题可以通过多级的 SVM 两类分类器来解决。SVM 的多级分类器最基本的构造方法是通过组合多个两类子分类器来实现，具体的构造方法有一对一和一对多两种。最具代

表性的 SVM 多级分类器是 Weston 等[22]在 1998 年提出的多值分类算法和 Platt 等[23]
提出的有向无环图算法。

1.3　水中目标分类识别技术研究现状及存在的瓶颈问题

1.3.1　研究现状

各个海洋发达国家对目标探测和识别研究历来十分重视。美国海军研究办
公室和美国国防部高级研究计划局（Defense Advanced Research Projects Agency，
DARPA）长期资助水声目标识别技术研究，2001 年的 DARPA 提出的计划中"检
测、分类新技术"被列为"被动声呐信号处理"中最需要的技术之一。2017 年美
国提出的"算法战"项目也包含了智能数据处理应用于目标识别的内容。目前美
国已有多种型号的探测识别设备列装，其新型蛙人综合防御（integrated swimmer
defense，ISD）系统不仅具备声呐识别功能，还融合了光电和红外线探测功能。
近年来，日本、英国、印度等国家也都在发展水下目标智能识别系统。有资料显
示，国外现有被动识别系统的正确分类率已达 80%～90%[1]，且相关的研究和试
验从未间断，只不过公开的报道极少。当前，国内在自动分类识别研究方面正处
于由实验室走向工程应用的关键阶段，亟待取得突破。

过去 20 余年来，被动水中目标识别的几项关键技术积累了大量的研究成果。
对于预处理中最重要的任务——信号去噪，已出现的方法众多，包括滤波、小波
分析、独立分量分析、经验模态分解、倒谱域分析等。这些方法都已得到很多应
用。不过，预处理方面还存在两个问题：一是这些方法大多需要干扰噪声的时频
分布或统计特性方面的先验信息；二是信号去噪通常作为独立的环节处理，由此
使识别系统需要更多的控制参数，增加了算法的复杂度和不稳定性因素。

在特征提取与选择方面，多年来已积累了一系列有效的方法，从具有明确物
理意义的舰船噪声的声学特征（如线谱），已发展到利用各种时频域变换算法后得
到的数学特征，主要包括：时域波形特征[24]（过零点分布、峰间幅值分布、波长
差分布及波列面积分布等）、频域分析特征[25, 26]（线谱、宽频谱形、高阶谱等）、
时频分析特征[27]（短时傅里叶变换、小波变换特征等）、非线性特征[28]（混沌、
分形特征等）、听觉特征[29-31]（心理声学参数、听觉模型参数等）。其中，波形特
征提取相对简便，但对一些复杂的水下噪声信号的分类识别显得无能为力。频谱
特征至今颇受青睐，只是频谱的种类已从单纯的傅里叶频谱、功率谱发展为小波
谱、听觉谱等，尤其是 MFCC、PLP、响度、尖锐度、粗糙度以及波动强度等听觉
感知特征，近年来已被证明具有良好的识别效果。在考虑 Gammatone 基底膜模型、

Meddis 内毛细胞模型等更复杂的人耳听觉模型后，可以得到更多相关的听觉特征参数。近 20 年来，作者所在课题组对前述大部分特征提取方法都开展过研究，近来又在可视化特征提取和稀疏特征提取等方面进行了一些尝试，取得了较好的效果。

单一特征或几种特征的简单组合往往推广能力有限，无法保证表现优异的特征不受其他冗余特征的影响。特征选择与融合成为一种必然的发展方向。特征选择是从原始特征中挑选出一些最能反映数据本质特性的特征，特征融合是通过一定算法将原始特征映射到新的特征域，这种映射可以是寻找目标不受环境影响的特征，也可以是非线性映射以增加特征区分度。目前该方面研究主要包括搜索算法、迭代算法、遗传算法等。特征选择（融合）可以提高特征参数的识别性能，不过仍然受限于所提取的待选择特征参数的种类和维度，如果能实现特征参数的学习与自适应选择，将有望进一步提高识别性能。传统特征选择（融合）方法包括粗糙集理论、ReliefF[11]、主成分分析（principal component analysis，PCA）[32]、线性鉴别分析（linear discriminant analysis，LDA）[33, 34]等，这些方法或者选择原始特征的子集作为新特征，或者尽可能保持鉴别信息的情况下将高维特征融合为低维特征。但是，这些方法均为线性变换方法，尽管可以去除部分噪声影响，但没有根本改善特征的鉴别能力。这些方法的优化目标与整体分类系统不完全一致。单纯使用这些传统的特征选择（融合）方法无法解决水声目标特征提取面临的问题，也不能使整体识别系统性能达到最优。这方面还有很大研究空间。

由于特征提取和特征选择（融合）具有相同的目的，即通过数学运算对原始信息源进行升维或者降维操作，提取更具鉴别能力的信息，广义的特征提取概念实际上涵盖了这两个方面的研究。融合传统特征固然具有一定意义，但是由于特征的信息来源实际上是相同的（都来源于目标波形数据或频谱数据），无论使用何种信号处理方法，最终提取的特征都难免具有一定的相关性。本书基于深度学习的方法通过直接从频谱或波形等底层信息中利用非线性映射提取出更具有鉴别能力的特征，这是水声信号特征提取的一种新思路。

在分类决策方面，机器学习领域不断涌现新的方法，从早期的决策树和近邻法，到神经网络，再到 SVM，这些方法已先后在水下目标识别中得到了应用，课题组在这些方面也开展了大量研究工作。从历史发展来看，机器学习方法的发展趋势是由大量数据和计算能力的驱动引导的。从传统 BP 神经网络、SVM 到深度学习的发展是机器学习领域的发展方向，也是水声目标识别技术最终走向实用的途径。深度学习理论的提出使得对大量数据的利用更为高效、充分，极大地推动了机器学习方法在实际应用中的应用。

上述的分类决策方法大多属于判别式模型（discriminative model），主要适用于有标记训练样本（训练样本所属类别已知）的情况，即有监督学习（supervised learning），算法中的参数大多需要人工预先设定。但是目前由于水声监听设备自动化发展趋势越来越突出，在无人参与情况下如何应对广泛存在的缺乏标记样本的情况，这些方法显得力不从心。非常有必要发展新的无监督（unsupervised）方法用于水下目标自动聚类分析。如图 1-3 所示，利用不同颜色表示的类别信息在有监督学习中可以得到不同类目标的分界曲面。但是无监督学习中没有可供利用的类别信息，仅能根据数据分布情况判断出不同的聚类中心（如图中黑圈所示）。若部分样本存在类别信息，则可利用这些信息，在无监督聚类分析基础上，进一步实现有监督或半监督的目标识别。

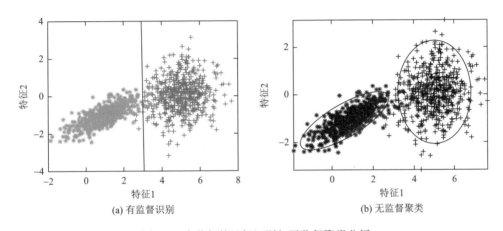

图 1-3　有监督的目标识别与无监督聚类分析

总体来说，水声目标识别当前的发展方向是，根据实际需求和水声数据的特点，一方面对特征提取方法进行改进，使其更适用于表达水声目标的特点；另一方面是在水声样本类别缺失的情况下，从传统的以分类器设计为主逐渐转向发展灵活的、支持多种学习模式（有监督、无监督学习）的识别和聚类方法。

1.3.2　存在的瓶颈问题

众所周知，被动水中目标识别的关键技术环节主要包括特征提取、特征选择和分类决策。总体而言，目标识别的几项关键技术都已取得了长足的进展，为该技术的发展奠定了良好的基础。但在面向实际应用时，这些研究领域还面临很多问题。这些问题主要包括两个方面：训练-测试失配问题和大量数据类别信息缺失的问题。

1. 训练-测试失配问题

从对数据进行数理统计分析的角度看，训练数据和测试数据的匹配程度是影响最终正确识别率指标的关键因素。训练和测试阶段目标工况、噪声、水声传播和采集设备通道效应等现实物理因素的变化以及不同前端信号处理方法等导致信号特征变化，最终使得测试数据在训练数据基础上数据分布产生变化，分类性能显著下降，都可以归类为训练-测试失配问题。训练-测试失配问题是自动识别算法在工程实用中受到限制的关键。在训练过程中，人为安排训练-测试样本使得训练数据只包含了目标部分工况，而实际测试时，水声信号会受到多种环境噪声以及水下信道、采集系统和工况等因素的影响，出现与训练数据采集条件不完全相同的情况，导致训练-测试条件下特征的分布出现差异，进而导致训练得到的识别模型推广能力下降，引起训练-测试失配问题。目前大多自动识别算法的模型训练都是建立在实验室较为纯净的数据或少量条件受限的实测或少量工况情况，也就是受限数据集基础之上。而根据受限数据集训练的模型和实际测试环境采集的数据存在模型失配问题，极大地影响了自动分类识别算法在实际应用中的性能。如图 1-4所示，在特征空间观察到全部工况时［图 1-4（a）］，通过模式识别方法可学习得到能够很好划分两类目标的分界面（黑线），而观察到部分工况时（图 1-4（b）中黑点、黄点），学习得到的分界面对未观察到的工况［图 1-4（b）中绿点］分类效果极差。由此可见，在观察到全部工况的情况下，同类样本在特征空间的相似性体现在训练-测试同工况样本之间即能有效识别，此时设计能够对样本在复杂特征空间进行划分的模式识别方法尤为重要。而在现实条件中，训练数据受限的情况下，提取不易受与类别无关因素影响的特征更为重要。也就是说，尽管特征是目标识别系统的最基础和最关键的问题，但在训练数据集较为完备的情况下，其影响相对较小，模式识别方法对特征空间精细划分的重要性增加。反之在水声训练数据集欠完备的情况下，提取不易受到工况影响的特征是增强系统在实际环境中推广性能的关键。

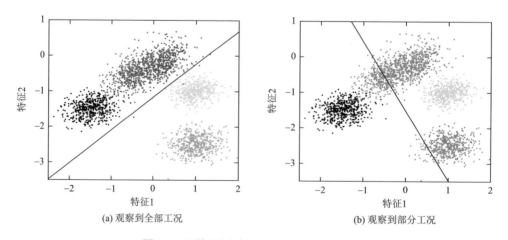

(a) 观察到全部工况　　　　　　　　　　　　(b) 观察到部分工况

图 1-4　训练-测试失配问题（彩图附书后）

　　由此可见，增加训练数据是解决训练-测试失配问题的直接方法。尽可能获得不同工况下的目标数据参与训练，使得测试环境集合总是训练环境集合的子集，这样就可解决训练-测试失配问题。但是在实际中，收集完整的训练环境集合是一个循序渐进的过程。这就意味着目标识别系统应当具有能够随着训练环境集合扩充，进行再学习的能力。当前深度学习方法构建的模式识别系统就是这类学习方法的代表。本研究考虑到实际情况下目标类别信息存在缺失的可能性，在不同的应用场景中以深度学习为核心，分别用于有监督和无监督学习问题，提出了多种解决方案。这些方案各有特点，可根据实际情况选择使用。

　　受限于实际水声样本难以获取、水声数据集普遍较少的情况，此时缓解训练-测试失配问题的另一种思路是研究更鲁棒的特征提取方法。水声目标识别问题中，训练-测试失配问题一方面是由水声信道、噪声等与类别无关的因素引起的，另一方面是由没有采集到目标各种工况下的数据引起的。第一种因素可通过在特征提取前进行去噪[35]等预处理手段提取对噪声等更鲁棒的特征。但是去噪算法也需要在去除更多的噪声和鲁棒性之间寻求平衡，否则对后续识别不利。第二种因素可通过进一步提取目标在不同工况下均能表现的共有特征，去除其他信息进行应对。但是这样处理容易损失很多其他能够反映类别信息的特性。因此，在特征对单一数据集的适应性和在更广泛的数据集中推广的鲁棒性之间取得平衡，从改进特征提取方法角度解决问题是非常困难的。

2. 类别信息缺失问题

　　由于水声数据的敏感性，可用于训练的数据较少，标记样本更少。尤其是在一些长时自动监测系统中，绝大部分目标都可能没有类别信息。而现有识别方法普遍都是通过有监督学习方法学习划分不同类别的目标，是建立在对若干标记样本进行学习训练基础之上的，一旦学习样本减少，识别性能往往急剧下降。这些识别方法对缺失类别信息的数据无法进行有效利用，导致大量数据浪费，不利于解决训练-测试失配问题。通过实测获取足够的数据是对各种容易引起失配的环境因素进行有效建模的基础，但人工标注样本代价昂贵。因此发展对类别信息依赖少，又能支持大规模数据学习的识别系统，对解决实际问题是十分必要的。

　　在水声目标分类识别应用过程中，大多数水声数据在采集过程中通常没有人工干预，这种情况下目标类别信息就会缺失。另外，通过大量途径采集得到的数据集在维护过程中也可能缺失类别信息。如何对这些数据进行深入分析和利用是水声目标分类和识别中面临的现实问题。目前的研究主要从两个方面入手，一方面考虑利用深度神经网络以无监督预训练方式充分利用无类别信息的数据训练有监督的目标识别，另一方面在无监督学习框架下发展新的方法，用于对这些水声信号样本进行深入分析。这种情况通常需要进行聚类分析。

聚类分析是无监督学习任务中的一种,其他高度相关的任务是降维分析和生成模型。聚类分析是指根据数据的相似程度将数据划分为不同的簇或不同的类[36]。由于在目标分类或识别问题中,同类目标一般具有相似性,而异类目标具有差异。因此,聚类分析也能够达到区分不同目标的目的,也可以视为识别的一部分。降维分析是指将高维数据降到低维用以表征或直观显示。生成模型主要适用于生成样本,首先对样本生成的原理进行建模分析,然后通过学习得到模型参数,最后给定一定输入信息,通过学习的模型试图尽可能地恢复出真实样本,因此第 3 章提到的自编码器(auto-encoder,AE)[37]、受限玻尔兹曼机(restricted Boltzmann machine,RBM)[38],以及第 6 章的深度玻尔兹曼机(deep Boltzmann machine,DBM)[39]也可以作为生成式方法。本书将讨论这些生成式方法提取堆叠的深度学习特征用于聚类系统时的性能。

在水声目标信号的聚类问题中,应用聚类分析对目标数据集进行划分,聚类结果并不一定与人的经验相符。聚类算法的依据是同类数据之间的相似性以及异类数据的差异,由于声学信号在采集过程中受到多种因素的影响,水声目标可能对应不同工况,即使是同类目标也具有一定的差异,通过聚类分析最终聚集得到的单一类可能对应着目标在某工况下的数据,同一个目标可能会被分为多簇。在缺失类别信息的情况下,实际上无法通过算法确定这些小类与根据经验认识得到的实际目标类别之间的关系。聚类算法仅能为数据的进一步分析提供依据,而无法提供具体目标的类别信息。

尽管无法利用聚类分析完全实现目标识别的任务,但是水声目标识别领域对无监督学习的需求还是越来越多。这类学习方法的研究不仅能够更有效和充分地利用无类别信息的数据,还能结合实际中类别信息不完全(部分类别信息缺失,部分存在)的情况下,在数据类别信息先验较为复杂的情况下,对聚类算法进行灵活变化,有效利用所有的数据进行目标识别系统的设计。即使在有监督学习中,为了抑制局部极小值对系统性能的影响和防止过拟合(overfitting)现象,也有大量结合无监督学习中的生成式模型进行预训练的方法。因此,研究无监督学习问题对水声目标识别具有重要的理论和实际价值。

参 考 文 献

[1]　曾向阳. 智能水中目标识别[M]. 北京:国防工业出版社,2016.

[2]　孟庆昕. 海上目标被动识别方法研究[D]. 哈尔滨:哈尔滨工程大学,2016.

[3]　Wickerhauser M V. Adapted Wavelet Analysis From Theory to Software[M]. Boston:AK Peters Publisher,1994.

[4]　Hyvärinen A,Oja E. Independent component analysis:Algorithms and applications[J]. Neural Networks,2000,13(4):411-430.

[5]　Chen Y，Ma J. Random noise attenuation by f-x empirical-mode decomposition predictive filtering[J]. Geophysics，2014，79（3）：81-91.

[6]　戴冬，卫娟. K-means 与 SVM 结合的水下目标分类方法[J]. 舰船科学技术，2015（2）：204-207.

[7]　杨宏晖，曾向阳，孙进才. 应用于舰船辐射噪声分类的支持向量机核函数参数选择[J]. 声学技术，2006，25：120-123.

[8]　Garcia A A，Mammone R J. Channel-robust speaker identification using modified-mean cepstral mean normalization with frequency warping[C]. 1999 IEEE International Conference on Acoustics，Speech，and Signal Processing，Phoenix，1999：325-328.

[9]　詹艳梅，曾向阳，孙进才. 基于粗糙集理论的目标特征选择方法[J]. 自然科学进展，2004，14（12）：1483-1487.

[10]　Zeng X Y，Zhan Y M. Development of a noise sources classification system based on a new method for feature selection[J]. Applied Acoustics，2005，66（10）：1196-1205.

[11]　Fu R，Wang P，Gao Y，et al. A new feature selection method based on relief and SVM-RFE[C]. 2014 12th International Conference on Signal Processing（ICSP），Hangzhou，2014：1363-1366.

[12]　Zeng X Y，Wang Q，Ma L X. Integrating visualized and auditory features for speaker recognition in reverberant fields[C]. INTER-NOISE and NOISE-CON Congress and Conference Proceedings，Innsbruck，2013：1427-1431.

[13]　陆晨翔，王璐，曾向阳. 水下目标信号的结构化稀疏特征提取方法[J]. 哈尔滨工程大学学报，2018，39（8）：1278-1282.

[14]　李玉阳，宋洁，笪良龙. 被动声纳目标识别综合仿真系统[J]. 计算机工程，2007，33（21）：249-251.

[15]　Dobra A. Decision Tree Classification[M]. Boston：Springer，2009.

[16]　Kononenko I. Semi-naive Bayesian classifier[J]. Lecture Notes in Computer Science，1991，482（1）：206-219.

[17]　刘勇志，刘丙杰. 基于多传感器模糊神经网络的水下目标识别[J]. 微计算机信息，2003，19（7）：2-3.

[18]　Rumelhart D，Hinton G E，Williams R J. Learning internal representation[M]//Parallel Distributed Processing：Explorations in the Microstructure of Cognition. Cambridge：MIT Press，1986.

[19]　吴毅斌，翟春平，张宇，等. 基于隐马尔可夫模型的舰船水下噪声评估方法[J]. 舰船科学技术，2019，41（17）：121-124.

[20]　Viroli C，McLachlan G J. Deep gaussian mixture models[J]. Statistics & Computing，2017（7）：1-9.

[21]　Cortes C，Vapnik V. Support vector networks[J]. Machine Learning，1995，20（3）：273-297.

[22]　Weston J，Watkins C. Support vector machines for multi-class pattern recognition[C]. The European Symposium on Artificial Neural Network，Bruges，Belgium，1999.

[23]　Platt J C，Cristianini N，Shawe T J. Large Margin DAGs for Multiclass Classification[M]. Cambridge：MIT Press，2000.

[24]　蔡悦斌，张明之. 舰船噪声波形结构特征提取及分类研究[J]. 电子学报，1999，27（6）：129-130.

[25]　吴国清，李靖，陈耀明，等. 舰船噪声识别（I）：总体框架、线谱分析和提取[J]. 声学学报，1998，23（5）：394-400.

[26]　陈凤林，林正青，彭圆. 舰船辐射噪声的高阶统计量特征提取及特征压缩[J]. 应用声学，2010，29（6）：466-469.

[27]　章新华，王骥程，林良骥. 基于小波变换的舰船辐射噪声特征提取[J]. 声学学报，1997，22（2）：139-144.

[28]　曹红丽，方世良，罗昕炜. 舰船辐射噪声的非线性特征提取和识别[J]. 南京大学学报，2013，49（1）：64-71.

[29]　Tucker S，Brown J. Classification of transient sonar sounds using perceptually motivated features[J]. IEEE Journal of Oceanic Engineering，2005，30（3）：588-600.

[30]　Wang S G，Zeng X Y. Robust underwater noise targets classification using auditory inspired time-frequency analysis[J]. Applied Acoustics，2014，78：68-76.

[31]　杨立学，陈克安，张冰瑞，等. 基于不相似度评价的水下声目标分类与听觉特征辨识[J]. 物理学报，2014，63（13）：134304.

[32]　Zeng X Y，Wang Q，Zhang C L. Feature selection based on ReliefF and PCA for underwater sound classification[C]. International Conference on Computer Science and Network Technology（ICCSNT2013），Dalian，2013：442-445.

[33]　Jahromi M S，Bagheri V，Rostami H，et al. Feature extraction in fractional Fourier domain for classification of passive sonar signals[J]. Journal of Signal Processing Systems，2019，91：511-520.

[34]　史家昆. 基于监控场景下的人脸识别的系统设计与实现[D]. 北京：北京邮电大学，2018.

[35]　王曙光，曾向阳，王征，等. 水下目标的 Gammatone 子带降噪和希尔伯特-黄变换特征提取[J]. 兵工学报，2015，36（9）：1704-1709.

[36]　Jain A K，Dubes R C. Algorithms for Clustering Data[M]. Englewood Cliffs：Prentice Hall，1988.

[37]　陈越超，徐晓男. 基于降噪自编码器的水中目标识别方法[J]. 声学与电子工程，2018，129（1）：32-35.

[38]　Smolensky P. Foundations of Harmony Theory[M]. Cambridge：MIT Press，1986.

[39]　Salakhutdinov R，Hinton G E. Deep Boltzmann machines[C]. Artificial Intelligence and Statistics，Florida，2009：448-455.

第 2 章　深度学习理论及其在水中目标分类识别中的适用性

2.1　深度学习概述

2.1.1　深度学习及其发展

深度学习（deep learning，DL）[1]是近年来人工智能领域非常热门的理论。从概念上讲，它首先是机器学习中的一种学习方法。其中，"学习"体现在基于已有的信息，通过计算、分析、推理和判断而得到一个认知结果的过程；而"深度"描述的是学习策略。大家熟知的一种学习策略是神经网络，它是模拟人类大脑神经元（neuron）结构而提出的，应用十分广泛。深度学习中的"深度"指的就是利用深度神经网络进行学习的策略。

深度神经网络（deep neural network，DNN）实质上是一种多层非线性神经网络，如图 2-1 所示，相对于传统的神经网络而言，体现在从输入层到输出层的过程中所包含的层数更多，每一层的神经元也更多。例如，曾完胜李世石和柯洁的围棋软件 AlphaGo 的策略网络是 13 层，每一层的神经元数量达到 192 个。

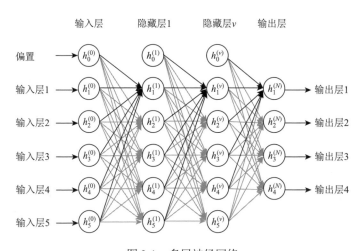

图 2-1　多层神经网络

深度学习理论是伴随着计算机和人工智能技术的发展而发展的，过程可谓一波三折，具有里程碑意义的贡献主要包括：1960 年 Rosenblatt 提出的二分类感知器（perceptron）[2]，1987 年 Hopfield 博士提出的 Hopfield 人工神经网络模型[3]，1986 年 Rumelhart 和 Hinton 提出的适用于多层感知器的误差 BP 算法[4]，2006 年 Hinton 正式提出的深度学习理论[1]。

Hinton 在 *Science* 上发表论文[1]，提出了可以克服 BP 神经网络发展瓶颈的模型训练方法，主要包括两个观点：①多层人工神经网络模型有很强的特征学习能力，学习得到的特征数据对原始数据有更本质的代表性，这将非常有利于分类和可视化问题；②对于深度神经网络训练很难达到最优的问题，可以采用逐层训练的方法解决，即将上层训练好的结果作为下层训练过程中的初始化参数。

2012 年 Hinton 课题组[5]首次参加 ILSVRC 国际计算机视觉识别竞赛，便利用深度学习算法一举夺冠，从此各种深度神经网络受到计算机科学界的普遍重视。2016 年 AlphaGo[6]取得成功后更是在全球掀起了一股深度学习热潮，其应用已从图像和语音识别拓展至各种检测和识别领域。此后，一方面深度学习理论的应用领域继续得到拓展[7-9]，另一方面新的或改进的深度学习算法或模型不断被提出。

就主要算法而言，深度学习方法可以分为三类：

（1）基于卷积运算的神经网络系统，即卷积神经网络（convolutional neural network，CNN）[10-12]；

（2）基于多层神经元的自编码神经网络系统，包括自编码（auto encoding）以及近年来受到广泛关注的稀疏编码（sparse coding）两类[13-16]；

（3）以多层自编码神经网络的方式进行预训练，进而结合鉴别信息进一步优化神经网络权值的深度置信网络（deep belief network，DBN）[17, 18]。

近年来，研究人员也逐渐将这几类方法结合起来，例如，对原本是以有监督学习为基础的卷积神经网络结合自编码神经网络进行无监督的预训练，进而利用鉴别信息微调网络参数形成的卷积深度置信网络（convolutional deep belief network，CDBN）。

按照学习模式，深度学习方法也可以分为有监督学习、无监督学习和强化学习（reinforcement learning）三类。

2.1.2　重要概念

以下基本概念是学习和理解多层神经网络的基础，这里首先予以介绍。

1. 神经元

神经元是构成神经网络的基本结构，类似于人类大脑基本元素的神经元。神经元接收输入信息，对它进行处理并产生输出信息，该输出信息被传送到其他神经元用于进一步处理，或者被作为最终结果而输出。

2. 权重

当输入信息进入神经元时，会给它乘以一个加权系数。如果一个神经元有两个输入，则每个输入都有分配给它的一个关联权重。一般采取随机初始化权重，并在模型训练过程中更新它们。

3. 加权平均

多层神经网络的一个重要构成部分就是加权平均（weighted average），即通过权值矩阵对上一层网络输出进行加权平均获得当前隐藏层网络的结果值。其表达式为

$$z^v = W^{v-1} h^v \tag{2-1}$$

式中，$h^v = [h_0^{v-1} \ h_1^{v-1} \ \cdots \ h_5^{v-1}]^T$ 为 v-1 隐藏层的输出；W^{v-1} 为 v-1 到 v 全连接层的加权矩阵；z^v 为隐藏层 v 的加权均值。需要注意的是，这里假设中间层结果为列向量，即输入样本数为 1。当输入多样本时，式（2-1）亦可简单扩展，得到隐藏层计算结果。

4. 学习率

学习率（learning rate）定义为每次迭代中成本函数中最小化的量，表示下降到成本函数的最小值的速率。选择学习率大小要适中，避免它非常大时最佳解决方案被错过，或者非常小时网络需要融合。

5. 正向传播

正向传播（forward propagation，FP）是指输入信息通过输入层、隐藏层到输出层的运动。在正向传播中，信息沿着单一方向前进。输入层将输入信息提供给隐藏层，然后生成输出信息。这个过程没有反向运动。

6. 反向传播

定义神经网络时，为节点分配随机权重和偏差值。一旦收到单次迭代的输出，就可以计算出网络的误差，然后将该误差与成本函数的梯度一起反馈给网络以更新网络权重。这种使用权重更新的模式称为反向传播。

7. 激活函数

观察式（2-1）可知，如果把隐藏层的加权平均结果直接作为隐藏层输出，即 $h^v = z^v$，则可证明多层神经网络仍等效于一层隐藏层的浅层神经网络。因此，为解决复杂非线性问题，深度神经网络需要引入激活函数（activation function）。引入激活函数相当于加入非线性因素，可以有效避免多层网络等效于单层线性函数，提高模型表达力，使模型更有区分度。

常用的非线性激活函数有 Sigmoid、tanh、ReLU 以及 ReLU 的变体 Leaky ReLU，这里给出了四种非线性激活函数的公式，对应的图像如图 2-2 所示。

Sigmoid 函数可以把实数域数据转化为值域为[0, 1]的数值，用来模拟神经细胞的关闭与激活，其定义如下：

$$\sigma(x) = \frac{1}{1 + e^{-x}} \tag{2-2}$$

相应的导数为

$$\sigma'(x) = \sigma(x)(1 - \sigma(x)) \tag{2-3}$$

需要注意的是，Sigmoid 函数对极小极大数据的导数更新接近于 0，使得神经网络更新速度较缓慢，因此 Sigmoid 函数应用范围较为有限。

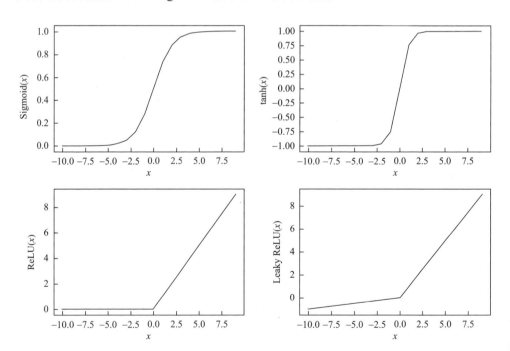

图 2-2　四种激活函数图像

tanh 函数可以把实数域数据转化为值域为[−1, 1]的数值，其数学定义为

$$\tanh(x) = \frac{1 - e^{-2x}}{1 + e^{-2x}} \qquad (2\text{-}4)$$

相应的导数为

$$\tanh'(x) = 1 - \tanh^2(x) \qquad (2\text{-}5)$$

tanh 函数由于其输出值域的对称性，在特定的网络结构中仍被广泛使用。

ReLU 函数又称线性修正单元函数，其数学定义为

$$\text{ReLU}(x) = \begin{cases} x, & x \geqslant 0 \\ 0, & x < 0 \end{cases} \qquad (2\text{-}6)$$

相应的导数为

$$\text{ReLU}'(x) = \begin{cases} 1, & x \geqslant 0 \\ 0, & x < 0 \end{cases} \qquad (2\text{-}7)$$

ReLU 函数及其导数的计算较为简单，是目前使用最广泛的激活函数。需要注意的是，如果某些隐藏神经元输出小于 0，则 ReLU 函数将永久关闭这些神经元，因为其相应导数永远为 0。因此，为了解决此问题，Leaky ReLU 以及 ELU（exponential linear units）等激活函数被引入。

Leaky ReLU 函数：

$$\text{Leaky ReLU}(x, a) = \begin{cases} x, & x > 0 \\ ax, & x \leqslant 0 \end{cases} \qquad (2\text{-}8)$$

在 Leaky ReLU 函数中，a 的值取(0, 1)。由图像可知，Sigmoid 和 tanh 两种函数的形状十分相似，在 0 附近的图像都十分陡峭而其他部分趋于平缓，不同的是 Sigmoid 的值域为(0, 1)而 tanh 的值域为(−1, 1)。在网络的反向传播过程中，需要使用梯度下降（gradient descent，GD）算法对网络参数进行调整，而过于小的梯度使得优化速度很慢，这就是 Sigmoid 和 tanh 存在的梯度消失（vanishing gradient）问题。针对这种情况，ReLU 函数应运而生，它的正向梯度恒为 1，有效地避免了梯度消失的问题，但当神经元节点小于 0 的时候，经过 ReLU 函数激活之后就丢失了这部分信息，造成了大量的数据损失。针对这一情况，Leaky ReLU 函数又被提出，当节点值小于 0 时，函数会给予一个较小的梯度，有效地减少了损失。

记激活函数为 $\sigma(x)$，经过激活函数后，得到新的第一层的输入，记为 a^1，若将 X 记为 a^0，则可以得到 $a^1 = \sigma(Z^1) = \sigma(W^1 a^0 + b^1)$，以此类推，可以得到每一层的输出响应为

$$a^N = \sigma(Z^N) = \sigma(W^N a^{N-1} + b^N) \qquad (2\text{-}9)$$

对于输出层，一般使用一个逻辑函数或者归一化函数，将输出响应变成每一个样本对应的每一种类别的概率，如 Softmax 函数：

$$a_i^0 = \frac{e^{z_i}}{\sum_{i=1}^{C} e^{z_i}} \qquad (2\text{-}10)$$

式中，C 表示训练样本的个数；a_i^0 表示属于第 i 类的概率。

此外，还有 ELU、RReLU、Maxout 等多种形式的激活函数。在实际应用中如何选择激活函数，这一问题尚无定论，一般需要结合实际情况，考虑到不同激活函数的优缺点，通常不能将几种激活函数在同一个网络中混用。

8. 梯度消失

首先明确，梯度（gradient）是一个向量，其每个元素为函数对一元变量的偏导数，既有大小（方向导数的最大值），也有方向（函数在这点增长最快的方向）。当激活函数的梯度非常小的时候，会出现梯度消失问题。在权重通过这些低梯度进行修正的误差反向传播过程中，梯度往往变得越来越小，并且随着网络进一步深入训练而"消失"[19]。

9. 梯度激增

与梯度消失问题完全相反，当激活函数的梯度过大时，在反向传播过程中，它使特定节点的权重相对于其他节点的权重更高。梯度激增（exploding gradient）有的也称其为梯度爆炸。

10. 欠拟合

如果模型过于简单或学习能力较弱，而数据复杂度较高或数据量过大，模型无法学习到数据集中的规律，拟合的函数无法满足对训练集映射关系进行精确表征的需要，导致模型精度低、难以达到最佳效果，这就是欠拟合（underfitting）。

11. 过拟合

当模型假设过于复杂，参数过多而训练数据过少或噪声过多时，拟合的函数在训练集中能很好地进行预测，但由于这种预测过度使用了数据中噪声等无关信息，因此对新加入数据的测试集预测结果差，即过度地拟合了训练数据，导致泛化能力急剧下降。

12. 优化策略

为避免神经网络学习过程中出现的过拟合现象，一般需要采用必要的优化策略（optimization strategy），这里给出几种常用的优化算法[20]。

1）梯度下降算法

梯度下降算法的更新公式如下：

$$\theta^i = \theta^{i-1} - \eta \Delta L(\theta^{i-1}) \tag{2-11}$$

式中，θ 表示网络中所有参数的集合；i 表示网络的第 i 层；η 表示学习率，也就是参数的更新步长，需要经过不断调试确定，若步长太小，会导致网络更新较慢，花费时间较长，若步长设置太大，则会导致网络无法找到最优点；ΔL 表示损失函数对 θ 的导数。

算法流程见算法 2-1。其中的符号定义如下：θ 为模型中所有参数的集合，即包括权重和偏置；t 为时刻标志；θ_t 为 t 时刻所有参数值；θ_{t-1} 为 t-1 时刻所有参数；$\Delta\theta$ 为当前时刻损失函数对参数 θ 的导数。

虽然梯度下降算法可以得到全局最优解，但它的缺点在于每次更新都需要用到训练集中的所有数据，当样本量很大时，会造成训练速度很慢的情况。

算法 2-1　梯度下降算法

（1）	输入：$X = \{x_n, n = 1, 2, \cdots, N\}$
（2）	初始化 θ，η，$t = 0$，$\Delta\theta = 0$
（3）	循环开始：直到 θ 收敛
（4）	$t \leftarrow t + 1$
（5）	样本编号从 $n = 1$ 到 N
（6）	计算损失函数关于参数的梯度 $\Delta\theta_n$
（7）	累积梯度：$\Delta\theta \leftarrow \Delta\theta + \Delta\theta_n$
（8）	样本迭代结束
（9）	$\Delta\theta \leftarrow \Delta\theta / N$
（10）	更新参数：$\theta_t \leftarrow \theta_{t-1} - \eta \times \Delta\theta$
（11）	循环结束

2）随机梯度下降算法

随机梯度下降（stochastic gradient descent，SGD）算法是梯度下降算法的一个变形，它将数据集划分成很多批（batch），每次只使用一批数据进行训练，这样就避免了数据较大时运算速度慢的问题。

在梯度下降的同时，增加动量（momentum）可以使得训练速度加快。动量的概念来自物理，假设损失函数是一个山坡，如图 2-3 所示，小球从山顶滚下，在一些平坦的地方，小球的速度会降下来，甚至会在一些较低的洼地停下来，此时就陷入了局部最小值点。若给小球一个初始的动量，那么小球在平地就会保持一个较快的速度，也避免了训练陷入局部最小值点，使得小球能到达全局最小值点。

SGD 算法流程见算法 2-2。

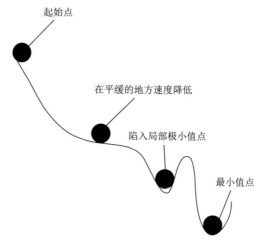

图 2-3　增加动量

算法 2-2　SGD 算法

（1）	输入：$X=\{x_n, n=1, 2, \cdots, N\}$
（2）	初始化 θ ，$\eta, t=0$
（3）	循环开始：直到 θ 收敛
（4）	随机打乱样本顺序
（5）	样本编号从 $n=1$ 到 N
（6）	$t \leftarrow t+1$
（7）	计算损失函数关于参数的梯度 $\Delta\theta_n$
（8）	更新参数：$\theta_t \leftarrow \theta_{t-1} - \eta \times \Delta\theta_n$
（9）	样本迭代结束
（10）	循环结束

SGD 是通过每个样本来迭代更新一次，优点是假如样本量很大并且可能只用其中少量样本便可以将参数 θ 迭代到最优解，而梯度下降算法迭代一次需要所有训练样本，并且需要迭代不止一次以达到最优，因此相对于梯度下降算法，SGD 算法显著节省了训练时间；但是，SGD 算法的缺点是训练过程中引入的不确定因素比梯度下降算法多，使得 SGD 算法并不是每次迭代都向着整体最优化方向。

3）小批量梯度下降算法

小批量梯度下降（mini batch gradient descent，MBGD）算法对梯度下降算法与 SGD 算法做出平衡，每次参数更新使用小批量的累积梯度，具体算法流程见算法 2-3。

算法 2-3　MBGD 算法

(1)	输入：$X = \{x_n, n = 1, 2, \cdots, N\}$
(2)	初始化 θ，η，小批量样本数 M，则共有 $S = N/M$ 个批次，$t = 0$
(3)	循环开始：直到 θ 收敛
(4)	随机打乱样本顺序，$\Delta\theta = 0$
(5)	批次从 $s = 1$ 到 S
(6)	$t \leftarrow t + 1$
(7)	样本编号从 $n = M(s-1)$ 到 Ms
(8)	计算损失函数关于参数的梯度 $\Delta\theta_n$
(9)	累积梯度：$\Delta\theta \leftarrow \Delta\theta + \Delta\theta_n$
(10)	样本迭代结束
(11)	$\Delta\theta \leftarrow \Delta\theta / M$
(12)	更新参数：$\theta_t \leftarrow \theta_{t-1} - \eta \times \Delta\theta / M$
(13)	批次迭代结束
(14)	循环结束

MBGD 算法是梯度下降算法和 SGD 算法的折中体现，现在大多数网络训练中都使用该算法，既避免了梯度下降算法训练速度慢的问题，也避免了 SGD 算法训练过程中引入了过多不确定性的问题。

4）Adam 算法

Adam 算法是一种对目标函数执行一阶梯度优化的算法，该算法基于适应性低阶矩估计，能基于训练数据迭代更新神经网络权重，由 Kingma 等[21]在 2015 年提出。具体算法流程见算法 2-4。

算法 2-4　Adam 算法

算法中 $\Delta^2\theta = \Delta\theta \odot \Delta\theta$，其中，$\odot$ 表示逐元素相乘，m_{t-1} 表示前 $t-1$ 时刻累积的一阶矩估计，v_{t-1} 表示前 $t-1$ 时刻累积的二阶矩估计，β_1 和 β_2 分别表示一阶、二阶矩估计指数衰减率，建议 $\beta_1 = 0.9$，$\beta_2 = 0.999$，ε 表示防止除以 0 的数，一般取 $\varepsilon = 1 \times 10^{-8}$

(1)	输入：$X = \{x_n, n = 1, 2, \cdots, N\}$
(2)	初始化 θ，η，β_1，β_2，$t = 0$，$m_0 = 0$，$v_0 = 0$
(3)	循环开始：直到 θ 收敛
(4)	随机打乱样本顺序，$\Delta\theta = 0$
(5)	批次从 $s = 1$ 到 S
(6)	$t \leftarrow t + 1$
(7)	样本编号从 $n = M(s-1)$ 到 Ms

（8）	计算损失函数关于参数的梯度 $\Delta\theta_n$
（9）	累积梯度：$\Delta\theta \leftarrow \Delta\theta + \Delta\theta_n$
（10）	样本迭代结束
（11）	$\Delta\theta \leftarrow \Delta\theta / M$
（12）	更新一阶矩估计：$m_t \leftarrow \beta_1 \cdot m_{t-1} + (1-\beta_1) \cdot \Delta\theta$
（13）	更新二阶矩估计：$v_t \leftarrow \beta_2 \cdot v_{t-1} + (1-\beta_2) \cdot \Delta^2\theta$
（14）	一阶矩估计修正：$\hat{m}_t \leftarrow m_t / (1-\beta_1^t)$
（15）	二阶矩估计修正：$\hat{v}_t \leftarrow v_t / (1-\beta_2^t)$
（16）	更新参数：$\theta_t \leftarrow \theta_{t-1} - \eta \cdot \hat{m}_t / \left(\sqrt{\hat{v}_t} + \varepsilon\right)$
（17）	批次迭代结束
（18）	循环结束

　　Adam 算法已经成为目前深度学习领域应用最广泛的优化算法之一，它在MINIST 手写数字识别和 CIFAR-10 图像识别中都取得了良好的效果。

　　5）Adagrad 优化

　　Adagrad 优化是一种自适应学习率的方法，公式如下：

$$W^l = W^{l-1} - \frac{\eta}{\sqrt{\sum_{i=1}^{l} L^2(\theta) + \varepsilon}} L^l(\theta) \tag{2-12}$$

式中，ε 是一个平滑参数，通常情况下设置在 $(10^{-8}, 10^{-4})$ 内，这是为了避免分母为 0。通过式（2-12）可以发现，学习率在不断变小，受每次计算梯度的影响，递减的学习率会导致学习过早停止。

2.2　典型深度学习算法

　　深度学习算法主要体现在各种深度神经网络模型上，本书介绍其中最具代表性的三种，分别是全连接深度神经网络、卷积神经网络、循环神经网络。在这些算法的基础上，衍生出了许多改进算法，有兴趣的读者可查阅相关资料。

2.2.1　全连接深度神经网络

　　全连接深度神经网络可以理解为堆叠的全连接神经网络，即在 BP、RBF 等传统全连接神经网络的基础上加深了网络层数，因此，这种神经网络是最典型的深度学习算法之一[22]。

　　加深网络的深度可以提升网络的特征表达能力，但是也带来了一些问题[23]，具体如下。

　　（1）由于网络深度的增加，参数数量急剧增大。在提升网络表达数据能力的同时，也带来了更高的过拟合风险。

　　（2）与传统 BP 神经网络相比，在深度神经网络训练过程中，网络结构上改变较小，由于传统网络以 Sigmoid 函数作为激活函数，在网络层数提升时，BP 算法容易导致误差逐层衰减的问题。

　　底层网络承担着提取数据特征的任务，而特征是识别系统的基础。因此，问题（2）是限制深度神经网络性能的根本问题。目前，可以通过更高效的网络训练方法，缓解底层权值及偏置无法有效训练的问题，这些方法包括：

　　（1）在输出层通过引入新的交叉熵损失函数代替以前的平方损失函数，能够更有效地训练输出层识别参数，如现在常用的 Softmax 层，在隐藏层使用新的激活函数替代传统的 Sigmoid 函数，如 ReLU 函数等；

　　（2）通过预训练等方式寻找较优的底层权值和偏置等，如堆叠自编码器、RBM 等形式；

　　（3）通过改变网络不同层次之间的连接方式，更好地训练底层权值，如现在流行的深度残差网络等。

　　为了减少过拟合的风险，提升网络的泛化能力和总体性能。全连接深度神经网络可以采用以下思路：

　　（1）通过共享权值连接减少需要训练的参数；

　　（2）在各连接权值的优化目标中加入各种正则化约束，可有效地减少网络层数过多导致的过拟合问题，常见的约束方式包括对节点响应的稀疏约束、对权值大小进行的 L2 正则化约束等。

　　典型的 DNN 结构如图 2-4 所示。

　　在传统 BP 神经网络中，使用 Sigmoid 函数作为节点激活函数，采用较多隐藏层的 DNN 会出现梯度消失现象。在 DNN 中解决误差消失问题的方法之一是对网络进行预训练，DBN 以及采用自编码网络对 DNN 进行预训练构建的堆叠自编码器（stacked auto-encoder，SAE）就是采用的这种思路。

　　DBN 和 SAE 是构成全连接 DNN 的经典模型，网络结构通过堆叠 RBM 或 AE 实现，如图 2-5 所示。

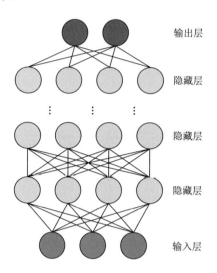

图 2-4　DNN 结构示意图

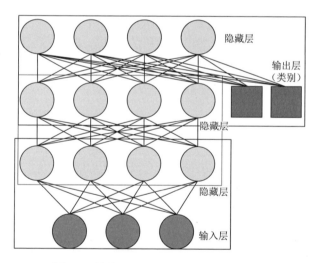

图 2-5　堆叠 DBN、SAE 网络结构示意图

　　以堆叠 AE 构成的多层神经网络为例，首先可通过训练多层 AE（下层 AE 的编码器（隐藏层）输出作为上层输入）的形式完成神经网络各层权值和偏置的预训练，在顶层输出后，通过训练一个 Softmax 网络将顶层节点与输出层相连，构成一个完整的 DNN。最后以 Softmax 网络的交叉熵作为代价函数，再通过 BP 算法，微调整个网络的权值和偏置。DBN 的网络形式与此类似。

与传统的神经网络不同的是，DBN 或 SAE 首先通过 RBM 或 AE 进行无监督的预训练。这样的预训练可以有效提高训练效率，充分利用无类别信息的数据，使得 BP 算法开始运行之前获得一个相对较优的初始值，这样既可以减少传统神经网络可能出现的容易陷入局部极值的问题，也可以回避由多层神经网络中出现的训练误差在逐层传递过程中迅速减少导致的底层的网络无法得到充分训练的问题。

与传统的学习方法相比，深度学习方法预设了更多的模型参数，根据统计学习的一般规律可知，模型参数越多，需要参与训练的数据量也越大。

2.2.2　卷积神经网络

卷积神经网络具有表征学习能力，能够按其阶层结构对输入信息进行平移不变分类，因而也称为平移不变人工神经网络（shift-invariant artificial neural network，SIANN）。

卷积神经网络模拟生物的视觉机制构建，可以进行监督学习和非监督学习，其隐藏层内的卷积核参数共享和层间连接的稀疏性使得卷积神经网络能够以较小的计算量对格点化特征（如像素和音频）进行学习，具有稳定的效果且对数据没有额外的特征要求。

对卷积神经网络的研究始于 20 世纪 80～90 年代，时间延迟网络和 LeNet-5[24] 是最早出现的卷积神经网络。近几年，随着深度学习理论的提出和数值计算设备的改进，卷积神经网络得到了快速发展，并被应用于计算机视觉、自然语言处理等领域。

CNN 是一种特殊的深度神经网络，主要是通过共享网络权值降低学习参数的个数和学习复杂度。由于其引入了卷积运算，更适用于时间序列信号的处理。CNN 的典型特点就是利用卷积层进行信号的增强，并利用池化（pooling）层获得具有位移、时移或旋转不变的特征，最后通过全连接神经网络进行分类。从整体上看，卷积层和池化层的交替使用可以获得具有良好性质的特征，而网络作为一个整体结构可利用 BP 算法优化包括卷积层在内的所有参数。

卷积神经网络中主要的层结构有三个：卷积层、池化层和全连接层。将这些结构堆叠起来，就形成了一个完整的卷积神经网络，如图 2-6 所示。将原始数据输入卷积神经网络，最终会得到每一种类别的得分，从而识别目标类型。网络中的一些层包含参数，如卷积层和全连接层，一些层不包含参数，如池化层和激活层。网络中的所有参数通过反向传播算法中的梯度下降算法来更新。

下面具体介绍卷积神经网络的三个层结构和它们的连接方式及参数。

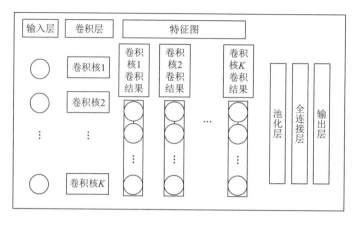

图 2-6 卷积神经网络结构图

1. 卷积层

卷积层是卷积神经网络的核心，大多数运算是在卷积层中完成的。卷积层中包含多个卷积核，也称为"感受野"，每个卷积核由一系列参数和偏置项组成，通过卷积核在数据上滑动，将数据与参数相乘求和再加上偏置项形成新的数据，再输出给下一个卷积核，公式为

$$Z_{i,j}^{L+1} = Z^L \otimes w + b = \sum_{m=1}^{M} \sum_{n=1}^{N} w_{mn} Z_{i+m,j+n}^{L} + b \tag{2-13}$$

式中，w 表示卷积核；$\otimes$ 表示卷积运算；b 表示偏置项；M 和 N 分别代表特征图的行数和列数；$Z_{i,j}^{L}$ 表示第 L 层第 i 行的第 j 个特征值；w_{mn} 表示卷积核第 m 行第 n 个参数。

卷积神经网络多运用于图像识别中，图像由像素点组成，每个像素点又由红、黄、蓝三原色调和而成，这样每三个参数就可以确定一个像素点的颜色；每张图片都是有固定尺寸的，对于一张 $32 \times 32 \times 3$ 的图片来说，只需要使得卷积核在原始图片上进行滑动即可。对于水下信号来说，原始信号是一维的，所以此时卷积核也是一维的，在每层卷积层之间，都设有一个非线性的激活函数，这样可以使网络有更强的表现力，可以处理更加复杂的数据。图 2-7 描述了卷积层的运算过程。

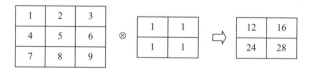

图 2-7 卷积层的运算过程

如图 2-7 所示，左边 3×3 的矩阵为原始数据，中间 2×2 的矩阵为卷积核，卷积核在特征图上滑动，设步长为 1，则每次滑动一个方格，做一次相应位置相乘求和计算，经过 4 次滑动，卷积核将特征图全部遍历，那么就输出了一个 2×2 的新矩阵，这样就完成了一次卷积计算，新矩阵将会作为下一层的输入，以此类推。但是在有些原始数据较大的情况下，为了提高运算速率，会采用更大的步长来进行运算，这样可以减少下一层的输入数据。而对于某些尺寸不太合适的原始数据，在特征图外围采用 0 填充也可以解决这个问题。

2. 池化层

通常会在卷积层之间周期性地插入一个池化层，其作用在于降低数据的空间尺寸，减少网络中参数的数量，提高运算速度，降低资源耗费，同时也能有效地控制过拟合。池化的方式一般有平均池化：

$$A_{i,j}^L = \frac{1}{MN} \sum_{m=0}^{M-1} \sum_{n=0}^{N-1} A_{i+m,j+n}^L \tag{2-14}$$

最大池化：

$$A_{i,j}^L = \max_{0 \le m \le M, 0 \le n \le N} (A_{i+m,j+n}^L) \tag{2-15}$$

Lp 池化：

$$A_{i,j}^L = \left(\sum_{m=0}^{M-1} \sum_{n=0}^{N-1} (A_{i+m,j+n}^L)^p \right)^{\frac{1}{p}} \tag{2-16}$$

平方和池化：

$$A_{i,j}^L = \sum_{m=0}^{M-1} \sum_{n=0}^{N-1} (A_{i+m,j+n}^L)^2 \tag{2-17}$$

式中，A^L 代表卷积层特征图；M, N 代表池化尺寸。

3. 全连接层

全连接层的结构如图 2-8 所示。全连接层又分为输入层、隐藏层和输出层，层之间的节点相互独立，层与层之间的节点相互连接。输入层的每个节点对应每种信号的输入，隐藏层有一层到多层不等，一般把隐藏层大于两层的网络称为深度神经网络，输出层的输出结果则对应每种信号所对应的类别的概率。

假定有 P 个拥有 Q 个特征的样本，则可以用矩阵表示所有输入样本：

$$X = \begin{bmatrix} x_{11} & \cdots & x_{1Q} \\ \vdots & & \vdots \\ x_{P1} & \cdots & x_{PQ} \end{bmatrix} \tag{2-18}$$

因此，由输入层到第一层隐藏层的过程为 $Z^1 = W^1 X + b^1$，其中，Z^1 表示输入层对第一层隐藏层的输出，W^1 表示输入层与第一层隐藏层的连接权重，b^1 表示输入层与第一层隐藏层的偏置。得到 Z^1 后，一般会经过一个非线性激活函数，也称为一次非线性激活，这里可以证明，如果层与层之间不加入非线性激活函数，则多层神经网络与单层神经网络的效果相同。常用的非线性激活函数在第 1 章已有介绍。

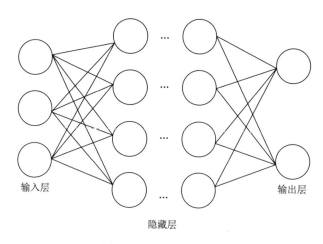

图 2-8　全连接层的结构

4. 反向传播算法

BP 神经网络是应用最广泛的神经网络模型之一，并且 BP 算法是目前大部分神经网络模型能工作的根本原因。在全连接神经网络中，可以利用 BP 算法进行网络训练。这里只介绍网络反向传播推导过程，网络的前向传播过程在全连接层中已经详细叙述，这里不再赘述。

在获得目标所属类别的概率之后，利用独热编码（one-hot encoding）来表示目标所属类别，例如，[1, 0, 0, …]表示目标属于第 1 类，[0, 1, 0, …]表示目标属于第 2 类，[0, 0, …, 1, 0, …]表示目标属于第 N 类。当得到目标所属类别之后，使用交叉熵（cross entropy，CE）来表示预测的结果与真实结果之间的误差，也就是损失函数，公式如下：

$$J = -\sum_{j=1}^{C} y_i \ln(a_j^O) \tag{2-19}$$

式中，y_i 表示样本属于第 i 类。

网络训练的过程就是减小误差的过程，也就是使损失函数最小的过程，那么就要损失函数对每一层网络的权重和偏置求偏导，使得每一层的权重和偏置都可以根据梯度的方向自动调整优化，求导过程如下。

第一步，损失函数对输出响应求偏导：

$$\frac{\partial J}{\partial Z_i} = \frac{\partial J}{\partial a_j^o}\frac{\partial a_j^o}{\partial Z_i} \tag{2-20}$$

式（2-20）等号右边第一项为

$$\frac{\partial J}{\partial a_j^o} = \frac{\partial\left(-\sum_j y_j \ln a_j^o\right)}{\partial a_j^o} = -\sum_j y_j \frac{1}{a_j^o} \tag{2-21}$$

第二项中当 i 与 j 相等时：

$$\frac{\partial a_i^o}{\partial Z_i} = \frac{\partial\left(\frac{e^{Z_i}}{\sum_c e^{Z_c}}\right)}{\partial Z_i} = a_i^o(1-a_i^o) \tag{2-22}$$

当 i 与 j 不等时：

$$\frac{\partial a_j^o}{\partial Z_i} = \frac{\partial\left(\frac{e^{Z_j}}{\sum_c e^{Z_c}}\right)}{\partial Z_i} = -a_i^o a_j^o \tag{2-23}$$

两种情况统一得

$$\frac{\partial J}{\partial Z_i} = \frac{\partial\left(-\sum_j y_j \ln a_j^o\right)}{\partial a_j^o}\frac{\partial a_j^o}{\partial Z_i}$$
$$= -\frac{y_i}{a_i^o}a_i^o(1-a_i^o) + \sum_{j\neq i}\frac{y_j}{a_j^o}a_i^o a_j^o$$
$$= -y_i + a_i^o\sum_j y_j \tag{2-24}$$

由于 y_j 只有一个值为 1，其他值为 0，因此式（2-24）也可以写为

$$\frac{\partial J}{\partial Z_i} = -y_i + a_i^o\sum_j y_j = a_i^o - y_i \tag{2-25}$$

写成矩阵形式可得

$$\frac{\partial J}{\partial Z^o} = a^o - y \tag{2-26}$$

可得损失函数对权重及偏置的偏导数为

$$\begin{cases}\frac{\partial J}{\partial W^o} = (a^o - y)(a^L)^{\mathrm{T}}\\ \frac{\partial J}{\partial b^o} = (a^o - y)I = a^o - y\end{cases} \tag{2-27}$$

式中，I 为单位矩阵。

由链式法可知，损失函数对隐藏层求偏导时：

$$\frac{\partial J}{\partial a^{l+1}} = \frac{\partial J}{\partial Z^O} \frac{\partial Z^O}{\partial a^L} \frac{\partial a^L}{\partial a^{L-1}} \cdots \cdots \frac{\partial a^{l+2}}{\partial a^{l+1}} \tag{2-28}$$

上层对下层的偏导为

$$\frac{\partial a_j^{l+1}}{\partial a_i^l} = (W_{ij}^l)(\sigma'(a_j^{l+1})) \tag{2-29}$$

式中，$\sigma'(a_j^{l+1})$ 为非线性激活函数在 a_j^{l+1} 处的导数，$l = 1, 2, 3, \cdots, L$。

因此，由式（2-26）、式（2-28）和式（2-29）可得损失函数在任意层对权重的偏导数为

$$\begin{cases} \dfrac{\partial J}{\partial W_{ij}^l} = \dfrac{\partial J}{\partial a_k^{l+1}} \dfrac{\partial a_k^{l+1}}{\partial W_{ij}^l} \\ \dfrac{\partial a_k^{l+1}}{\partial W_{ij}^l} = \begin{cases} \sigma'(a_k^{l+1})a_i^l, & k = j \\ 0, & k \neq j \end{cases} \end{cases} \tag{2-30}$$

得到损失函数对所有层的权重的偏导之后，就可以根据梯度对权重进行更新优化。

2.2.3 循环神经网络

循环神经网络[25, 26]主要用于处理序列数据，因此也称为序列模型，原因是循环神经网络中每一个神经元的输出都可以作为下一个神经元的输入，这种结构可以保持数据中的依赖关系，因此非常有利于处理时间序列数据。

循环神经网络的结构如图 2-9 所示，在时刻 t，隐藏单元 A 将接收来自两方面的输入，一方面是上一时刻的隐藏单元 A_{t-1} 的值，另一方面是当前的输入数据 X_t 的值，并在单元内经过计算后再传入下一个隐藏单元。计算公式如下：

$$\begin{cases} A_t = \sigma(W_{xt}X_t + W_{At}A_{t-1} + b_A) \\ h_{t+1} = W_{Ay}h_t + b_y \\ y_t = \text{Softmax}(h_t) \end{cases} \tag{2-31}$$

式中，σ 表示非线性激活函数；W 表示权重矩阵；b 表示偏置；y 表示最后一层的输出。

由图 2-9 可知，将网络展开后，得到的全部都是重复结构，而且每一个结构都是参数共享的，这样就大大减少了需要训练的参数数量。这种结构的另一个优点在于当输入不同长度的序列数据时，不用每次都调整输入参数，大幅降低了人工输入参数的错误率和工作量。

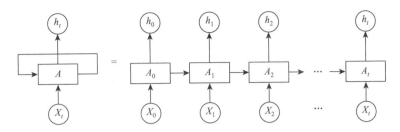

图 2-9　循环神经网络结构

　　虽然 RNN 在处理时间序列数据上很有优势，但是实际结果表明，RNN 对于短时依赖的时间数据性能优越，而对于长时依赖的时间数据效果不好，使得信息很难长期保存，且存在梯度消失问题。因此在很长一段时间里，RNN 并没有得到广泛的运用。下面对两种常用的 RNN 变体的结构和原理进行介绍。

1. LSTM

　　在实际中运用最广泛的循环神经网络架构是长短时记忆（long short-term memory，LSTM）[27, 28]，它能够有效地克服传统 RNN 存在的梯度消失以及在长时依赖任务中表现不佳的情况。LSTM 的工作原理与传统 RNN 基本相同，不同的是 LSTM 采用了一个更加精细化的内部结构来对数据进行处理，有效地实现了数据的储存和更新。LSTM 的结构如图 2-10 所示。

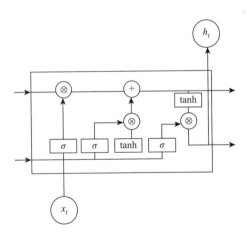

图 2-10　LSTM 内部结构

　　由图 2-10 可知，LSTM 主要由三个门来控制，分别是输入门、遗忘门和输出门。顾名思义，输入门主要控制整个网络的数据输入，遗忘门则控制着记忆单元，输出门控制着网络的输出。整个网络中最重要的门则是遗忘门，这是 LSTM 拥有记忆功能的核心结构，它决定了输入数据的哪些部分将被保留，哪些将被遗忘。对于一个给定的任务，遗忘门能够选择性保留或者遗忘某些数据，这样就消除了人为的干扰，使得网络可以自主学习。下面将详细介绍各个门的结构。

如图 2-11 所示，C_{t-1} 是 $t-1$ 时刻网络中的记忆单元，传入 t 时刻的网络之后，网络将决定它的遗忘程度，将上一步的记忆乘上一个 (0, 1) 之间的数进行衰减，再加上 t 时刻输入网络的记忆，就构成了这个更新之后的记忆，再将更新之后的记忆作为 $t+1$ 时刻的记忆输入。其中 $t-1$ 时刻的记忆衰减系数是由 t 时刻的网络输入和 $t-1$ 时刻的网络输出决定的，以此类推。

图 2-11　LSTM 的遗忘门

图 2-12 显示了衰减系数的得到过程，公式如下：

$$f_t = \sigma(W_f[h_{t-1}, x_t] + b_f) \tag{2-32}$$

首先将 $t-1$ 时刻的网络输出与当前的网络输入合并起来，然后做一个线性变换，再经过一个非线性激活函数（常用 Sigmoid 函数），结果将映射在 (0, 1) 之间作为 t 时刻记忆的衰减系数，将它记为 f_t。

图 2-13 显示了 t 时刻学习到记忆的过程，公式如下：

$$\begin{cases} i_t = \sigma(W_i[h_{t-1}, x_t] + b_i) \\ Q_t = \tanh(W_C[h_{t-1}, x_t] + b_C) \end{cases} \tag{2-33}$$

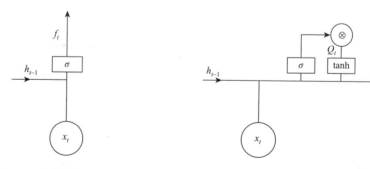

图 2-12　衰减系数计算　　　　图 2-13　t 时刻学习到记忆的过程

再将 $t-1$ 时刻的网络输出与当前的网络输入合并得到的矩阵做一个线性变换，再经过一个 tanh 激活函数，得到 Q_t。

图 2-14 显示了得到 C_t 的计算过程，公式如下：

$$C_t = f_t C_{t-1} + i_t Q_t \tag{2-34}$$

将 t 时刻得到的衰减系数 f_t 与 $t-1$ 时刻的记忆 C_{t-1} 相乘，再加上 t 时刻学习到的记忆 Q_t 乘上衰减系数 i_t，这样就得到了 t 时刻的记忆 C_t。

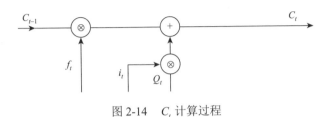

图 2-14　C_t 计算过程

图 2-15 显示了得到 h_t 的计算过程，公式如下：

$$\begin{cases} O_t = s(W_O[h_{t-1}, x_t] + b_O) \\ h_t = O_t \tanh(C_t) \end{cases} \tag{2-35}$$

t 时刻的输出 h_t 取决于 t 时刻的记忆状态以及 t 时刻的输入 x_t，使用前面所述的方法得到输出门的衰减系数 O_t，然后由 $h_t = O_t \tanh(C_t)$ 得到网络的输出。

目前 LSTM 已被广泛运用在语音处理和图像处理中，尤其是在 MNIST 手写数字识别和 CIFAR-10 图像识别中都有较好的性能。

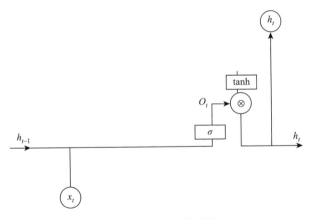

图 2-15　h_t 的计算过程

2. GRU

门控循环单元（gated recurrent unit，GRU）在 2014 年由 Cho 等提出，它与 LSTM 最大的不同在于它将遗忘门和输出门合并成了一个更新门，网络直接将输出结果 h_t 作为记忆状态向后循环传递[29]。GRU 的结构如图 2-16 所示。

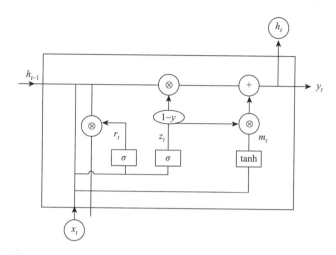

图 2-16　GRU 内部结构

GRU 的计算过程如下：

$$\begin{cases} z_t = \sigma(W_z[h_{t-1}, x_t]) \\ r_t = \sigma(W_r[h_{t-1}, x_t]) \\ m_t = \tanh(W_t[r_t h_{t-1}, x_t]) \\ h_t = (1-z_t)h_{t-1} + z_t m_t \end{cases} \tag{2-36}$$

这里不再将 GRU 结构一一拆开，它和 LSTM 本质上的计算方式是类似的，将上一时刻的输出与当前时刻的输入结合确定这一时刻的输出。

2.3　基于深度学习特征的水中目标分类识别

2.3.1　深度学习特征提取方法

在深度学习算法中，特征提取通常不是一个必须单独给出的步骤。本书为了与传统特征提取方法对比，对这一环节专门进行研究。

本书将深度学习特征（deep learning feature，DLF）定义为 DNN 最后一层隐藏层节点的响应，即顶层节点响应。在传统目标识别系统框架中，顶层节点响应作为输出层的输入，直接建立与类别的映射，可视为由底层神经网络提取的特征。底层神经网络是由多层网络通过无监督方法或有监督方法逐层学习然后通过堆叠方式得到的，整体网络具有一定的深度，本书将网络顶层节点响应称为 DLF，将包含输出层的整体网络称为 DNN。

这里采用如图 2-17 所示的逐层训练方式，上层网络利用下层网络隐藏层节点响应作为输入，训练网络参数，然后取最后一组网络的隐藏层节点响应作为 DLF。无监督的底层神经网络预训练方法常用 RBM 及自编码器。

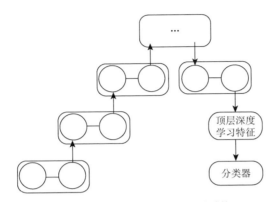

图 2-17　基于堆叠 DLF 的识别系统

在 DNN 训练过程中包含两个主要步骤：

（1）对底层和输出层网络进行逐层预训练；

（2）堆叠网络构成 DNN 并通过误差反向传播算法进行微调。

为了深入地分析这两个步骤分别在 DNN 训练过程中发挥的作用，将传统的 DNN 训练分为上述两个部分。这里着重讨论第一部分，在训练底层神经网络中使用无监督方法进行预训练，并堆叠底层网络，输出 DLF，然后在未进行微调的情况下，通过与 Softmax 及 SVM 等分类器组合构建识别系统，测试 DLF 能够达到的最优识别效果。

2.3.2　自编码器

自编码器（AE）是一种对输入数据进行编码的方法，其基本思路是通过编码器对数据进行编码，得到隐藏层节点响应。隐藏层节点再通过解码器用于恢复原数据。AE 模型的结构如图 2-18 所示。

AE 的输出目标与输入层相同，即 AE 希望通过编码、解码过程完全恢复出输入信息。其代价函数可使用均方误差（mean square error，MSE）表示：

$$J_{\mathrm{MSE}} = \frac{1}{NK}\sum_n \| O_n - f(O_n) \|_2^2 \qquad (2\text{-}37)$$

式中，$f(O)$ 为输入 O 通过网络（编码器和解码器）后的输出；N 为矩阵 O 中的样本数；K 表示输入特征的维数。为了简洁，后面内容中表示样本编号的 n 被省略。标注上标和下标的对应斜体变量表示取向量在指定位置的数值。后面章节也使用了这种变量表示方法，后面内容中不再进行说明。

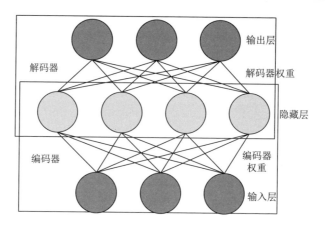

图 2-18　AE 模型结构

　　单隐藏层的自编码网络的函数 f 与前向网络完全相同，具体表达式见式（2-38）。其优化方法可参考传统 BP 神经网络的优化方法，通过对代价函数逐层求导获得梯度方向，然后通过最速梯度法或量化共轭梯度法进行迭代求解。

$$f(O) = f_d(W_d f_h(W_e O + b_h) + b_d) \tag{2-38}$$

式中，W_e，W_d 分别为编码器和解码器的连接权值矩阵；b_h，b_d 分别为隐藏层节点和输出层节点的偏置；f_h，f_d 分别为对应层的激活函数。AE 输出层一般使用 Sigmoid 函数和 purelin 函数，隐藏层的激活函数一般使用 Sigmoid 函数、satlin 函数以及 purelin 函数。

　　给定数据集和确定网络结构后，就可以利用 BP 算法或量化共轭梯度法进行 AE 的学习。其核心在于求解各权值和偏置的梯度方向。记参数集合为 $\theta = \{W_e, b_h, W_d, b_d\}$，下面以激活函数 Sigmoid 为例，对 W_e 梯度方向进行推导，其他参数的求解过程与此类似。

$$\frac{\partial J_{\text{MSE}}}{\partial W_e^{(ji)}} = \frac{\partial J_{\text{MSE}}}{\partial h^{(j)}} \frac{\partial h^{(j)}}{\partial W_e^{(ji)}} \tag{2-39}$$

其中

$$\frac{\partial J_{\text{MSE}}}{\partial h^{(j)}} = \frac{2}{NK} \sum_n \sum_k ((O - f(O)) f(O)(1 - f(O)))^{(k)} W_d^{(kj)} \tag{2-40}$$

$$\frac{\partial h^{(j)}}{\partial W_e^{(ji)}} = (1 - h^{(j)}) h^{(j)} O^{(i)} \tag{2-41}$$

通过式（2-40）和式（2-41）可以得到 W_e 的梯度方向。除了 Sigmoid 函数外，常用的另外两种激活函数如式（2-42）和式（2-43）所示。使用这些激活函数求解梯度时，对激活函数求导会发生变化，但求解过程类似，在此不再赘述。

$$\text{purelin} \quad f(x) = x \tag{2-42}$$

$$\text{satlin} \quad f(x) = \begin{cases} 0, & x < 0 \\ x, & 0 \leqslant x \leqslant 1 \\ 1, & x > 1 \end{cases} \tag{2-43}$$

在 AE 训练过程中为了防止过拟合现象，可以使用正则化方法对参数范围进行约束。常用的正则化方法包括 L_2 正则化和稀疏正则化。其代价函数分别为

$$J_W = \|\theta\|_2^2 \tag{2-44}$$

$$J_{\text{sparsity}} = \sum_i \text{KL}(\rho \| \hat{\rho}_i) = \sum_i \rho \ln\left(\frac{\rho}{\hat{\rho}_i}\right) + (1-\rho)\ln\left(\frac{1-\rho}{1-\hat{\rho}_i}\right) \tag{2-45}$$

式中，J_{sparsity} 是一个以 ρ 为均值和一个以 $\hat{\rho}_i$ 为均值的两个伯努利随机变量之间的相对熵，即 K-L 散度（Kullback-Leibler divergence）。这一惩罚因子有如下性质：当 $\rho = \hat{\rho}_i$ 时 $\text{KL}(\rho \| \hat{\rho}_i) = 0$，并且随着 $\hat{\rho}_i$ 与 ρ 之间的差异增大而单调递增。即当设定单元节点响应平均值的期望 ρ 为接近 0 的小数值时，J_{sparsity} 可以使得在训练集上神经元实际响应是稀疏的。式中，$\hat{\rho}$ 定义如下：

$$\hat{\rho} = \frac{1}{N} \sum_{n=1}^{N} f_h(W_e O + b_h) \tag{2-46}$$

引入两种正则化方法后，实际的代价函数可以写为

$$J = J_{\text{MSE}} + \lambda_1 J_W + \lambda_2 J_{\text{sparsity}} \tag{2-47}$$

式中，λ_1 和 λ_2 分别是 L2 和稀疏正则化的权系数。利用该代价函数训练得到 AE 参数后，可通过 AE 的前向过程计算出隐藏层节点的响应，并将其作为 AE 的输出。在实验中 λ_1 和 λ_2 需要通过经验确定。λ_1 的确定原则是保证权值 W_e 和 W_d 的范数在一个相对小的取值范围内，尽可能减少 MSE 损失。λ_2 要保证不同样本在节点响应上既接近 ρ，又具有一定的差异。在实验中 λ_1 在 0.01～1 取值，λ_2 的取值范围为 0.1～5。

实际计算中，AE 被用于去除一部分数据中的噪声。AE 的 MSE 代价函数随隐藏层节点的增多而减少。更多的隐藏层节点数目能够带来对数据更精确的表达，但是也会保留数据中更多的噪声信息。AE 在隐藏层节点小于输入层和输出层节点，且使用 purelin 激活函数的情况与主成分分析（PCA）等价，即 AE 在降维过程中会尽量保持数据中的信息，而去除一部分对数据影响较小的噪声信息。控制 AE 节点数目是非常重要的。隐藏层节点个数与 MSE 的关系如图 2-19 所示。节点个数过少时，训练结果会出现较大的误差，这时会带来较高的欠拟合风险，而节点个数较多，尤其是超过输入层节点个数时，训练结果误差过小，容易带来更高的过拟合风险。因此，AE 应当设定适当的隐藏层节点数目，这里该数目在 20%～100%的输入层节点个数进行选择。

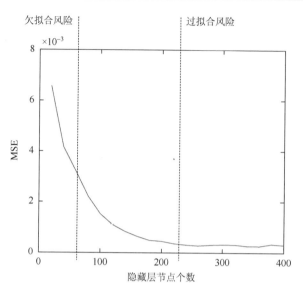

图 2-19　隐藏层节点个数与 MSE 的关系

除了网络节点数目外，正则化系数也会对最终的 MSE 产生一定的影响，在
AE 训练过程中，正则化参数对降低过拟合风险是非常有效的，过小的正则化参数
难以起到作用，而过大的正则化参数也会导致 MSE 过大，AE 对数据的拟合效果
不佳，这时会产生很大的训练误差。正则化系数与 MSE 的关系如图 2-20 所示。
根据文献资料中提供的经验，本章正则化系数设置在 $10^{-4} \sim 10^{-2}$。

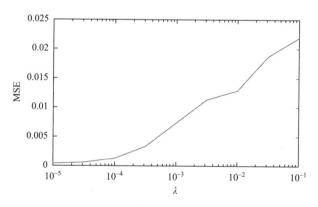

图 2-20　正则化系数与 MSE 的关系

在堆叠 AE 方法中，通过保留编码器部分，将隐藏层节点的响应作为新的特
征，作为下一级 AE 的输入迭代学习。将 AE 的编码器以堆叠方式构成新的前馈
网络。本章取顶层 AE 的隐藏层节点响应作为 DLF 的第一种类型。

2.3.3　受限玻尔兹曼机

RBM 由 Hinton 等提出，是一种用于降维、分类、回归、协同过滤、特征学习和主题建模的算法[30]。RBM 是有两个层的浅层神经网络，它是组成深度置信网络的基础部件。RBM 的第一层称为可视层，又称输入层，第二层为隐藏层。图 2-21 给出了 RBM 网络结构。

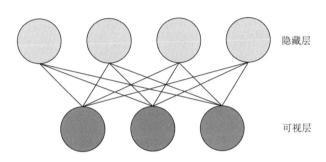

隐藏层

可视层

图 2-21　RBM 组成示意图

RBM 可视层和隐藏层分别记为 v 和 h。可视层为输入的特征，是网络的输入层，v 的长度由输入特征的维数决定。隐藏层可人为设定节点数目。使用图 2-21 所示的 RBM 结构时，其能量函数可表示如下：

$$E = -\sum_i a_i v_i - \sum_j b_j h_j - \sum_{ij} v_i h_j w_{ij} \tag{2-48}$$

式中，a_i 和 b_j 被定义为对应可视层和隐藏层的偏置。若将节点响应和权值改写为

$$v = [v_1 \quad v_2 \quad \cdots \quad v_N \quad 1]^\mathrm{T}, \quad h = [h_1 \quad h_2 \quad \cdots \quad h_M \quad 1]^\mathrm{T}, \quad W = \begin{bmatrix} w_{ij} & a \\ b^\mathrm{T} & 0 \end{bmatrix}$$

则能量函数可简写为

$$E = -\sum_{ij} v_i h_j w_{ij} = -v^\mathrm{T} W h \tag{2-49}$$

为了表达简便，本章后面在未经说明的情况下，均采用上述忽略偏置的简便写法。则系统的联合概率密度可表示为

$$P(v,h) = \frac{\exp(-E)}{\int_{v,h} \exp(-E) \mathrm{d}v \mathrm{d}h} \tag{2-50}$$

这种情况下一般认为 v,h 是由二值元素组成的，即其中的元素非 0 即 1。此时，式（2-50）中的积分符号需要替换为求和。经过一系列的推导，可以得到以下条件概率：

$$P(v=1 \mid h) = \frac{1}{1 + \exp(-Wh)} \tag{2-51}$$

$$P(h=1 \mid v) = \frac{1}{1 + \exp(-W^{\mathrm{T}}v)} \tag{2-52}$$

可视层节点响应为连续实值，此时可假设各节点为高斯分布，通过修改能量函数表达式：

$$E = -\sum_i a_i v_i - \sum_j b_j h_j - \sum_{ij} v_i h_j w_{ij} + \frac{1}{2}\sum_i v_i^2 \tag{2-53}$$

可得

$$v \mid h : \mathbb{N}(Wh, I) \tag{2-54}$$

式中，$\mathbb{N}$ 表示高斯分布，括号中的变量 Wh, I 分别表示该分布的均值和协方差。此时可视层节点在给定隐藏层节点响应时为高斯分布。训练过程中为了减少训练参数，使训练过程更为稳健，可令高斯分布的协方差为单位矩阵。为了减少可视层输入数据实际分布与标准高斯分布的不同所带来的问题，应当对输入数据进行标准化处理。

RBM 用 K-L 散度来衡量预测的概率分布与输入值的基准分布之间的距离。Hinton 等给出了利用上述概率对 RBM 进行优化的方法[30]，其核心思路是通过使式（2-55）取得最大值：

$$W = \arg\max_W P(v) = \arg\max_W \int_h \exp(v^{\mathrm{T}}Wh)\mathrm{d}h \tag{2-55}$$

通过梯度下降算法，对式（2-55）求导，最终得出：

$$W(T+1) = W(T) + b(E(hv^{\mathrm{T}})_{P_{\mathrm{data}}} - E(hv^{\mathrm{T}})_{P_{\mathrm{model}}}) \tag{2-56}$$

式中，T 表示迭代次数；

$$E(hv^{\mathrm{T}})_{P_{\mathrm{data}}} = \sum_x P(h,x)hv^{\mathrm{T}} \tag{2-57}$$

$$E(hv^{\mathrm{T}})_{P_{\mathrm{model}}} = \sum_h P(h \mid v)hv^{\mathrm{T}} \tag{2-58}$$

分别表示在对观测数据的概率分布条件下求 hv^{T} 的数学期望以及在给定 $P(h \mid v)$ 的基础上求 hv^{T} 的数学期望，式（2-58）可直接得到。而式（2-57）的求解较为困难，可通过 Gibbs 采样方法得到。

$$\sum P(h,v)hv^{\mathrm{T}} = \sum_v P(v)\sum_h P(h \mid v)hv^{\mathrm{T}}$$

$$\approx \frac{1}{L}\sum_{l=1}^{L}\sum_h P(h \mid v(l))hv(l)^{\mathrm{T}} \tag{2-59}$$

式中，l 表示可视层 x 的采样次数。其中 $v(l)$ 可通过式（2-51）和式（2-52）多次迭代采样获得。通过训练得到 W 后，可通过式（2-52）计算隐藏层节点的响应。

在 RBM 训练过程中，也可利用 L2 正则化对网络连接的权值进行约束。根据 Hinton 在训练 RBM 的指导中给出的建议，训练时，可在迭代过程中对通过式（2-60）训练得到的权值进行更新。式中 λ 取值在 10^{-3} 量级。

$$W - \lambda W \to W \qquad\qquad (2\text{-}60)$$

若数据满足高斯分布，上述 RBM 代价函数等价于 MSE 代价函数。即使数据不满足高斯分布，一般情况下，该代价函数也与 MSE 是正相关的。RBM 迭代过程中，MSE 随权值更新的迭代次数的关系如图 2-22 所示。

从图 2-22 中可以看出，MSE 随着 RBM 的训练过程逐渐减小，这说明尽管 RBM 的优化目标是使观察数据出现的概率最大化，但是其目标与 MSE 具有一定的关联，这和 AE 的训练目标在一定程度上具有相似性。RBM 也是一种较好的网络预训练手段。在网络节点的设置上 RBM 的规则略有不同。由于 RBM 隐藏层的节点一般是二值分布，与连续实值分布相比，二值分布包含的信息有限。因此，隐藏层节点数目可以多于 AE 隐藏层节点数，而不会带来过拟合的风险。根据 Hinton 的建议和其他研究工作的总结，在升维过程中，一般隐藏层节点数目可设为可视层的 1.2～3 倍，降维过程中设置为可视层的 20%～100%。

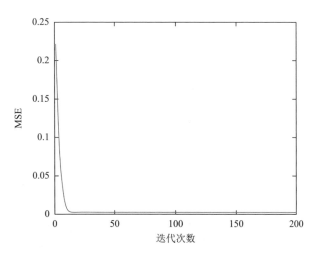

图 2-22　RBM 训练过程迭代次数与 MSE 的关系

2.3.4　实验研究

为初步判断深度学习特征的可区分性，本节首先给出 RBM 提取水声数据集特征的分布情况。在可视层输入水声集信号频谱，学习 RBM 参数后，提取出隐藏层节点响应作为特征。得到的该水声数据集中三类数据的特征分布如图 2-23 所示，图中以黑线分开不同类别的数据。可以看出，在训练集上，RBM 隐藏层节点响应体现出了很强的区分性。

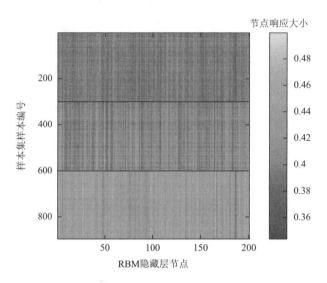

图 2-23　三类数据在 RBM 隐藏层节点响应上的区分性（彩图附书后）

下面通过实验，比较不同分类方法与不同深度学习特征提取方法组合后的识别效果，以进一步验证深度学习方法底层网络提取特征的有效性。

这里选用两个实测水声数据集，分别记为数据集 1 和数据集 2。首先通过前面介绍的堆叠深度的 AE 和 RBM 方式提取 DLF，然后组合 DLF、SVM 和 Softmax 网络分类器构建识别系统。由于每次训练过程包含随机因素，对所有测试均重复50 次，取平均正确识别率作为识别性能指标。由于神经网络对输入数据的量级比较敏感，Softmax 网络输入分为两种情况，分别是对特征提取后，利用整个数据集对数据进行归一化前后的识别结果。这些方法在测试集上的正确识别率见表 2-1。

表 2-1　DLF 在不同分类器情况下的正确识别率　　　　（单位：%）

分类器		数据集 1		数据集 2	
		RBM	AE	RBM	AE
SVM		92.07	91.40	91.84	94.43
Softmax	归一化前	92.37	92.95	88.23	93.85
	归一化后	92.13	91.31	98.52	94.48

可以看出，在两个数据集上，利用 DLF，在使用不同分类器时，大都可以达到较好的识别效果。这体现了深度学习方法的特点，在不同数据集中均能接近甚

至部分情况下超越传统特征的识别效果，对不同的数据集较为稳定。

对比 SVM 和 Softmax 网络对相同特征的区分能力，可以看出两种方法在不同数据集上体现出的性能不同。总体上看，在使用相同特征时，Softmax 网络性能大多数情况并不弱于 SVM，甚至有些时候要明显优于 SVM 分类器。这是因为相比于 SVM 分类器，Softmax 网络无须进行参数寻优，同时也不需要使用一对一或一对多策略进行多类识别问题扩展，因而对多类问题识别具有鲁棒性。

为探讨隐藏层节点数目对 DLF 配合 Softmax 和 SVM 分类器构成的系统正确识别率的影响，这里以数据集 2 中的数据为例，采用堆叠的 AE 提取特征，数据集 2 使用 441（输入）-500-200-顶层节点数-类别数的网络结构。设置顶层节点在合理的数目范围内时，以 20 为初始值，以 20 为步长，逐渐增加到 100 时，讨论顶层节点数目对识别系统的影响。分类器使用归一化前后的 Softmax 和 SVM 作为分类器。其他设置与前面相同。正确识别率结果见表 2-2。

表 2-2　DLF 在不同顶层节点数情况下的正确识别率　　　　（单位：%）

分类器		20	40	60	80	100
SVM		94.43	94.73	94.84	94.66	96.11
Softmax	归一化前	93.85	92.92	92.65	92.36	92.27
	归一化后	94.48	94.47	94.73	94.81	94.76

从表 2-2 可以看出，设定隐藏层节点数目在一定范围内，正确识别率没有显著的变化。因此本书后续章节设置节点数目时，以较少的节点数目对 DNN 进行设置，这种设置可以在一定程度上减少训练耗时。训练过程中，顶层节点设置为 20～100 时，利用量化共轭梯度算法训练顶层 AE 的耗时，以及 Softmax、SVM 分类器的训练耗时可见表 2-3。

表 2-3　DLF 在不同顶层节点数情况下的耗时　　　　（单位：s）

分类器	20	40	60	80	100
AE	0.1044	0.1065	0.1025	0.1044	0.1062
SVM	0.0181	0.0187	0.0257	0.0316	0.0387
Softmax	0.6728	0.9113	1.4314	2.0155	2.0782

计算服务器使用的是 Intel 酷睿 i5-2320 处理器，内存 16GB，AE 使用 NVIDIA 的 GeForce GTX1080 Ti 训练。结合表 2-2 和表 2-3 可以看出，节点数目较少时，AE 的训练效率没有太大变化，分类器的训练效率较高，但是正确识别率指标与更多节点数目的情况并没有显著差异。

以上实验结果表明，利用深度学习算法提取特征并用于分类识别具有良好的适用性。后面的章节还可以进一步证明，深度神经网络不仅可以提取特征，还可以基于特征学习自动进行水声目标的分类或聚类。

2.4　基于深度学习的多域特征融合方法

2.4.1　多域特征融合

在信息融合的三个层次（样本层、特征层、决策层）中，以多分类器组合为代表的决策级融合技术已成为当前模式识别领域研究的热点，并在图像和人脸识别等领域取得了较为成功的应用。

有关特征级融合方面的研究虽然起步较晚，但也已取得了不少成果。对同一模式所提取的不同特征向量总是反映模式的不同特性，对它们进行优化组合，既保留了参与融合的多特征的有效鉴别信息，又在一定程度上消除了由于主客观因素带来的冗余信息，这对分类识别无疑具有重要的意义。

在常用的特征融合方法中[31]，一种是将两组特征首尾相连组成一个新的特征向量，在更高维度的向量空间进行特征抽取，称为串行融合方法；另一种是利用复向量将同一样本的两组特征向量合并在一起，在复向量空间进行特征抽取，称为并行融合方法；还有一种方法是通过典型相关分析（canonical correlation analysis，CCA）的方法分析两特征之间的相关性，利用典型相关矩阵将两个特征合并为一个特征[32]。此外，采用多核函数学习的方法也可以实现特征融合，此方法能够解决多于两种特征的融合问题。

1. 串联特征融合方法

串联特征融合指的是直接将两组特征合并为一个新的特征向量，这是一种传统的特征级融合方法，同时也是最常使用的方法。具体如下：

假设 A 和 B 为模式空间 Ω 上的两个特征空间，任意样本 $a \in \Omega$，它对应的两个特征向量分别为 $a \in A$ 和 $b \in B$，合并后的特征向量为

$$V = \begin{bmatrix} \alpha \\ \beta \end{bmatrix} \tag{2-61}$$

尽管这种方法在多数情况下能有效地提高正确识别率，但其缺点也是明显的：①合并后的特征维数是两原始特征的维数之和，这就导致新特征维数急剧增加，从而使得识别速度大幅度降低；②特征维数的增加常常会导致计算过程中的矩阵奇异现象，对线性鉴别特征的提取造成困难。

2. 并联特征融合方法

假设 A 和 B 为模式空间 Ω 上的两个特征空间，任意样本 $a \in \Omega$，它对应的两

个特征向量分别为 $a \in A$ 和 $b \in B$，并行特征融合方法将 α, β 两个特征量并成了一个复向量 γ，公式如下：

$$\gamma = \alpha + \mathrm{i} \cdot \beta \qquad (2\text{-}62)$$

式中，i 为虚数单位。α 和 β 特征维数不一致时，低维的特征量需要补 0，两个特征量才能并行融合。

3. 基于 CCA 方法的特征融合方法

典型相关分析是处理两个随机向量之间相互依赖关系的统计方法，与主成分分析、判别分析一样，在多元统计分析中占有非常重要的地位，是一种很有价值的多元数据处理方法。近年来，国外已开始将 CCA 用于信息处理、计算机视觉及语音识别等领域，并取得了一定进展。这里给出使用 CCA 进行特征融合的原理。

设 $\omega_1, \omega_2, \cdots, \omega_c$ 为 c 个类，类 ξ 为 n 维实向量，训练样本空间为 $\Omega = \{\xi \mid \xi \in \mathbb{R}^n\}$。设 $A = \{x \mid x \in \mathbb{R}^p\}, B = \{y \mid y \in \mathbb{R}^q\}$，$x$ 与 y 分别表示运用不同方法所提取的类别 ξ 的两组特征向量。

按照 CCA 的思想，提取 x 与 y 之间的典型相关特征，记为 $(\alpha_1^{\mathrm{T}} x, \beta_1^{\mathrm{T}} y)$（第 1 对），$(\alpha_2^{\mathrm{T}} x, \beta_2^{\mathrm{T}} y)$（第 2 对），$\cdots$，$(\alpha_d^{\mathrm{T}} x, \beta_d^{\mathrm{T}} y)$（第 d 对）。然后分别将 $\alpha_1^{\mathrm{T}} x, \alpha_2^{\mathrm{T}} x, \cdots, \alpha_d^{\mathrm{T}} x$ 与 $\beta_1^{\mathrm{T}} y, \beta_2^{\mathrm{T}} y, \cdots, \beta_d^{\mathrm{T}} y$ 看作变换后的特征分量，即

$$X^* = [\alpha_1 \ \alpha_2 \ \cdots \ \alpha_d]^{\mathrm{T}} x = W_x^{\mathrm{T}} x \qquad (2\text{-}63)$$

$$Y^* = [\beta_1 \ \beta_2 \ \cdots \ \beta_d]^{\mathrm{T}} y = W_y^{\mathrm{T}} y \qquad (2\text{-}64)$$

通过将变换后的特征向量相关性最大化得到变换矩阵，将线性变换

$$Z = \begin{bmatrix} W_x \\ W_y \end{bmatrix}^{\mathrm{T}} \begin{bmatrix} x \\ y \end{bmatrix} \qquad (2\text{-}65)$$

作为投影后的组合特征用于分类，其中变换矩阵为

$$W = \begin{bmatrix} W_x \\ W_y \end{bmatrix} \qquad (2\text{-}66)$$

4. 基于深度学习的特征融合方法

深度神经网络的强大学习功能亦可应用于特征融合。其中，利用自编码神经网络是一种十分有效的方法。

自编码网络的基本功能是在原始信号中对分类有效的特征进行提取，对无效的特征进行剔除，从而使得自编码器的输出层既可以保存有效的分类特征，又可以对原始数据进行降维，在样本较少的情况下消除整个网络的过拟合现象，水声目标识别中，需要对在复杂海洋背景下的水声信号提取特征，在多次提取不同抽

象特征的基础上有可能更好地进行分类。因此，在 AE 中输入多种特征，本质上是进行了特征优选和融合。

2.4.2　多域特征提取方法

基于各种频谱或谱估计提取特征参数是特征提取领域的主要方法，其中的频谱具体包括：功率谱、DEMON 谱、LOFAR 谱、听觉谱等。此外，还有可视化特征提取方法等。

1. 功率谱特征提取

舰船辐射噪声功率谱一般由线谱和连续谱组成。线谱是舰船辐射噪声谱中的重要成分，携带了重要的特征信息，且线谱频率稳定，主要集中在 1kHz 以下，研究低频段线谱对目标自身隐蔽性和远距离探测目标都具有重要的意义。下面给出噪声信号功率谱特征提取的一般过程。

连续谱可用宽带平稳随机过程拟合，而线谱可用周期信号作为模型。用随机过程 $\{s(t)\}$ 来表示舰船噪声，有

$$\{s(t)\} = \{x(t)\} + \sum_{i=1}^{n}\{l_i(t)\} \tag{2-67}$$

式中，$\{\}$ 表示宽平稳随机过程；$\{l_i(t)\}$ 表示初相随机的周期信号，$i=1,2,\cdots,n$，表示有 n 个周期信号。

舰船噪声的功率谱可用以下公式计算：

$$S(f) = \lim_{T\to\infty}\frac{1}{T}E(|S_{k,T}(f)|^2) \tag{2-68}$$

式中，T 表示傅里叶变换时截取的每一段信号的长度；E 表示集合平均；k 表示信号段的编号。式（2-68）是在该数学模型下的严格定义，即要获取无穷多个信号段，每个信号段的时间长度要趋于无穷，当然在实际中只能作有限长和有限数的集合平均。

既然舰船辐射噪声的平稳功率谱由连续谱和线谱组成，为了提取两方面的特征，需要把两部分剥离开来。如果将频谱的慢变化当作连续谱，则从整个谱中减去慢变化，从剩下的部分中就可提取线谱。

（1）连续谱特征提取：对于同类信号，尤其是同一目标的噪声谱结构具有相似的连续谱变化趋势（连续谱轮廓）。可以采用最小二乘原理对这种变化趋势进行拟合，提取功率谱中的连续谱信息。设噪声信号经采样后的 N 点数字功率谱为 $Y=\{y_i\}(i=1,2,\cdots,N)$，与之相对应的 N 点离散频谱为 $X=\{x_i\}(i=1,2,\cdots,N)$。$Y$ 与 X 的关系由式（2-69）确定：

$$Y = f(X,C) \tag{2-69}$$

式中，$f(\cdot)$ 为一给定的理想曲线，用于模拟功率谱中的变化趋势；$C = \{c_1, c_2, \cdots, c_N\}$，为 $f(\cdot)$ 的待定系数常量，对应于不同的信号功率谱，C 有不同的取值，因此可将 C 作为一特征向量，通过对 N 个数据 (x_i, y_i) 进行均方误差最小意义下的拟合，得到 C 的最小二乘估计：

$$\overline{C} = (\overline{c}_1, \overline{c}_2, \cdots, \overline{c}_N) \tag{2-70}$$

从而可以得到功率谱中的连续谱估计：

$$\tilde{Y} = f(X, \tilde{C}) \tag{2-71}$$

f 可以用 n 次非线性多项式来拟合：

$$y = c_0 + c_1 x + \cdots + c_N x^N \tag{2-72}$$

$c_0 \sim c_N$ 代表的是描述舰船噪声信号连续谱轮廓的特征参数，构成连续谱的 $N+1$ 维特征向量，通常取 N 的值为 $3 \sim 5$。同时为了提高对连续谱的拟合精度，可采用分段的方法进行拟合。

（2）线谱特征提取：在舰船辐射噪声信号功率谱中，线谱是叠加在连续谱上的。如果直接在含有连续谱的谱中提取线谱特征，可能由于连续谱的趋势走向引起线谱的误判和漏判，因此在提取线谱时，应首先将谱中的趋势减去。经过上面的处理，得到连续谱的变化趋势，从原功率谱中减去这一变化趋势，就得到拉平的线谱图，由此可以进行线谱提取。图 2-24（a）～（c）分别是按照这个过程获得的三类舰船噪声的线谱分布图。

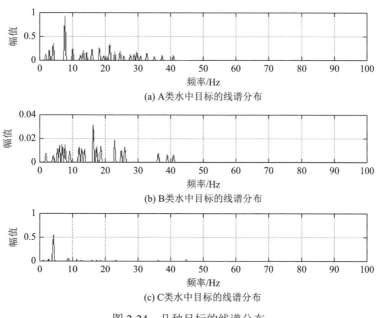

(a) A类水中目标的线谱分布

(b) B类水中目标的线谱分布

(c) C类水中目标的线谱分布

图 2-24　几种目标的线谱分布

图中幅值为归一化幅值

2. DEMON 谱特征提取

DEMON 谱分析是具有代表性的被动声呐信号处理方法之一，在舰船辐射噪声特性分析、舰船目标识别等领域都有一定的应用。对于舰船、潜艇等水声目标而言，螺旋桨噪声是一类主要的噪声源。由于受到螺旋桨叶片速率的幅度调制，螺旋桨空化噪声会表现出明显的节拍现象。舰船的辐射噪声集中在中低频段，而舰船噪声谱的高频段存在调制现象，在低信噪比情况下，如轴频、叶频等低频段谱特征会被高频段的海洋环境噪声淹没，从而无法直接获取，因此需要对高频段噪声进行解调。DEMON 谱分析通过对接收的宽带高频信号进行解调，获取低频段的特征谱，解调后的低频时域信号称为包络信号，其功率谱称为 DEMON 谱，也称为包络谱。通过DEMON 谱可以获取舰船的轴频、叶频、螺旋桨转速等不变的物理参数。

DEMON 谱的产生机理与螺旋桨的周期运动被调制形成的空化噪声连续谱有关。DEMON 谱的提取流程如图 2-25 所示。

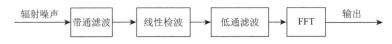

图 2-25　DEMON 谱的提取流程图

快速傅里叶变换（fast Fourier transform，FFT）

螺旋桨空化产生的宽带噪声 $n(t)$ 的幅度被一组正弦信号调制，此宽带信号可以表示成

$$x(n) = \left(1 + \sum_{n=1}^{N} A_n \sin(2\pi n f_0 + \phi_n)\right) s(n) + g(n) \tag{2-73}$$

式中，nf_0 为调制频率；$s(n)$ 是宽带噪声信号；$g(n)$ 是背景噪声。

经过带通滤波后的信号 $y_1(n)$ 为

$$y_1(n) = \sum_{k=0}^{M-1} x(n-k) h_1(k) \tag{2-74}$$

式中，$h_1(n)$ 是带通滤波器系数。

进行包络解调时，使用 Hilbert 解调：

$$y_2(n) = |\text{Hilbert}(y_1(n))| \tag{2-75}$$

去除直流分量得到 $y_3(n)$，再进行降采样和低通滤波，防止频率混叠，低通滤波器截止频率应大于调制频率的最大值。经过降采样和低通滤波处理后的输出信号 $y_4(n)$ 为

$$y_4(n) = \sum_{k=0}^{P-1} y_3(dn-k) h_2(k) \tag{2-76}$$

式中，d 为降采样倍数；$h_2(k)$ 是低通滤波器系数。谱分析可以通过傅里叶变换对 $y_4(n)$ 进行频域分析，得到幅度谱或者功率谱 $y_5(n)$，用于后面的线谱提取。

通过设置合理阈值对 DEMON 谱的线谱进行检测，进而可以利用线谱间的谐波关系计算得出螺旋桨轴频、叶频以及螺旋桨叶片数目等重要目标特性参数。螺旋桨产生的线谱噪声，其频谱与叶片数以及螺旋桨转速有关。关系可表示为

$$f_m = m \cdot n \cdot s \tag{2-77}$$

式中，n 是螺旋桨叶片数；s 是螺旋桨转速；m 是谐波次数；f_m 是相应的频率。

以上公式反映了各线谱间存在谐波关系，$n \cdot s$ 为各次谐波的最大公约数。因此根据线谱检测方法确定了线谱成分后，采用基于倍频关系判断的遍历过程就能够得出提取所需的轴频或叶频，进而估计出螺旋桨叶片数。

3. LOFAR 谱分析

LOFAR 谱分析是被动声呐信号处理与水声目标识别领域的一种重要分析方法。水声目标的辐射噪声具有局部平稳的特性，对辐射噪声在时域内利用窗函数将信号分为很多小段，做连续采样，通过短时傅里叶变换获得在时间、频率平面上时变功率谱，在时间、频率平面上投影形成三维立体图，进而提取信号中的线谱分布特征。LOFAR 谱分析反映的是辐射噪声的非平稳特性与时频信息。LOFAR 谱的提取流程如图 2-26 所示。

图 2-26　LOFAR 谱的提取流程图

LOFAR 谱的基本思想是：假设非平稳信号在分析窗函数 $g(t)$ 的一个短时间内是平稳的（伪平稳），并移动分析窗函数，使 $f(t)g(t-\tau)$ 在不同的有限时间间隔内是平稳信号，从而计算出各个不同时刻的功率谱，定义为

$$S(\omega, \tau) = \int_R f(t)g^*(\bar{\omega} - \tau)\mathrm{e}^{-\mathrm{j}\omega t}\mathrm{d}t \tag{2-78}$$

式中，"*"表示复共轭；$f(t)$ 是需要分析的信号；$\mathrm{e}^{-\mathrm{j}\omega t}$ 起频限作用；τ 起时限作用；$S(\omega, \tau)$ 大致反映 $f(t)$ 在时刻 τ、频率为 ω 时"信号成分"的相对含量。这样信号在窗口函数上的展开就可以表示为 $[\tau - \delta, \tau + \delta]$，$[\omega - \varepsilon, \omega + \varepsilon]$ 这一区域内的状态，并把这一区域称为窗口，δ 和 ε 分别表示窗口的时宽和频宽，表示时频分析中的分辨率，窗宽越小则分辨率就越高。

LOFAR 谱的具体绘制步骤如下所示。

（1）将原始信号的采样序列进行分帧，每帧有 L 个采样点，根据具体情况，各帧之间部分有重叠，具体视情况综合分配重叠部分的数据长度。对各帧信号进行加窗处理，常用的窗函数有 Hanning 窗或 Hamming 窗等。

（2）对各帧信号作归一化和中心化处理。归一化处理的目的是使信号的幅度（或者方差）在时间上均匀，中心化处理是为了使样本的均值为零（去直流）。对第 j 段信号的采样样本 $M_j(n)$ 作归一化处理为

$$u_j(n) = \frac{M_j(n)}{\max(M_j(n))}, \quad 1 \le j \le L \tag{2-79}$$

为了提高 FFT 计算效率，L 一般取 2 的整数次幂，如 512 或 1024 等。

中心化处理为

$$x_j(n) = u_j(n) - \frac{1}{L}\sum_{i=1}^{L} u_j(i) \tag{2-80}$$

（3）对信号 $x_j(n)$ 作短时傅里叶变换得到第 j 段数据信号的 LOFAR 谱：

$$X_j(k) = \text{FFT}[x_j(n)] \tag{2-81}$$

（4）将以上获得的各段数据的谱按时间排列在坐标系中，即得到信号完整的 LOFAR 谱图。

LOFAR 谱图的频率上限一般可取 1000～2000Hz。LOFAR 谱图的两个轴分别为时间轴和频率轴，在某个时刻某个频点处的幅值大小通过伪彩图的颜色深浅来表示。水声目标辐射噪声的主要频段在低频范围，因此 LOFAR 谱是分析水下目标辐射噪声信号特征的重要工具，其中亮线部分往往可以有水声目标激发的自身特性相关的线谱成分。

根据信号处理理论，LOFAR 谱是对目标特性较为全面的表现，而 DEMON 谱则能够更突出地显示 LOFAR 谱结构中的调制谱分量。DEMON 谱中线谱分量实际上反映了 LOFAR 谱中指定分析频段范围内的连续谱或线谱周期性变化的调制特点。

4. 听觉谱特征提取

优秀声呐员的听觉辨识能力为水声目标特征提取提供了启示，可以通过提取听觉谱特征来进行目标分类识别。常用的听觉谱特征包括：MFCC、PLP、响度、音色。

梅尔频率倒谱的频带划分是在 Mel 刻度上的等距划分，比常用的对数倒谱中的线性间隔更好地近似人类的听觉系统。MFCC 特征提取过程对信号特点不做先验假设，适用范围较广，目前在水声领域也引起了关注。MFCC 的核心在于 Mel 频率尺度滤波器组的设计，这也是 MFCC 特征提取的关键步骤。

人耳所感受到的声音的高低与其频率的大小不呈线性关系，而 Mel 频率尺度则更符合人耳的听觉特性。Mel 频率尺度和实际的频率大小有着对数分布的关系。Mel 频率和实际频率 f 之间的对应关系可以用式（2-82）表示：

$$\text{Mel}(f) = 2595 \lg(1 + f / 700) \tag{2-82}$$

人类对声音的感知在一定的频率范围内具有稳定性，当两个声音的频率差大于某个临界值时，人们才能将两个声音区分开来。两个相邻临界值之间的范围称为临界频率带宽。当声压恒定时，人耳在某个带宽内所感受到的主观响度等于这个带宽中心频率位置上的一个纯音的响度。临界频率带宽随着中心频率的变化而变化，且与 Mel 频率正相关。这些频带在 1000Hz 以下近似呈线性分布，带宽约为 100Hz，在 1000Hz 以上呈对数增长。临界频带将信号频率划分为一系列三角形的滤波器序列，即 Mel 滤波器组，如图 2-27 所示。

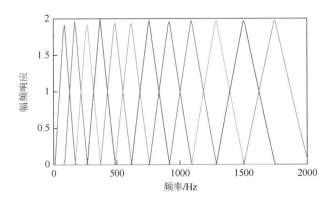

图 2-27 Mel 滤波器组的幅频响应（彩图附书后）

图 2-28 为 MFCC 的提取过程示意图，可以概括为以下几个主要步骤。

首先将信号分帧。分帧可用有限长度窗口乘以时域信号实现，可表示为

$$s_w(n) = s(n)w(n) \tag{2-83}$$

式中，$s_w(n)$ 是加窗后的信号；$s(n)$ 是时域信号；$w(n)$ 是窗函数。在水声信号分析过程中由于信号持续时间较长，窗函数可设计为矩形窗。

然后对 $s_w(n)$ 进行 FFT，可表示为

$$X_n(k) = \sum_{n=0}^{N-1} s_w(n) e^{-j2\pi n f / N}, \quad 0 \leqslant n \leqslant N \tag{2-84}$$

接下来，设计三角滤波器并对信号进行滤波。第 m 个 Mel 滤波器的下限频率等于第 $m-1$ 个 Mel 滤波器的上限频率，也等于第 $m+1$ 个 Mel 滤波器的下限频率，即

$$f_0(m) = f_l(m+1) = f_h(m-1) \tag{2-85}$$

式中，f_0、f_l、f_h 表示中心频率、下限频率以及上限频率；m 表示滤波器编号。

Mel 滤波器的频率响应可设计为三角形：

$$H(f) = \begin{cases} \dfrac{f_h - f}{f_h - f_0}, & f_0 < f \leqslant f_h \\[3mm] \dfrac{f_l - f}{f_l - f_0}, & f_l \leqslant f \leqslant f_0 \end{cases} \qquad (2\text{-}86)$$

信号通过 Mel 滤波器组后的频域输出可以表示为

$$E(m) = \sum_{f=f_l(m)}^{f_h(m)} H_m(f)\,|X_n(f)|, \quad l = 1,2,\cdots,L \qquad (2\text{-}87)$$

最后对滤波器输出幅值作对数运算，然后进行离散余弦变换（discrete cosine transform，DCT）即可得到 MFCC：

$$C_{\mathrm{MFCC}}(i) = \sqrt{\frac{2}{N}} \sum_{m=1}^{M} \log_{10} E(m) \cos\left(\left(l - \frac{1}{2}\right)\frac{i\pi}{L}\right) \qquad (2\text{-}88)$$

由于 Mel 滤波器的分析频带存在重叠，对数 Mel 频谱不同位置的特征具有一定的相关性。DCT 在一定程度上等价于主成分分析，可用于去除特征的相关性，将主要信息集中到低频段。因此，MFCC 最后利用 DCT 进行去相关降维处理。一般情况下，MFCC 只取 DCT 后的低频部分系数。

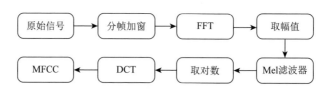

图 2-28　MFCC 提取过程示意图

听觉响度感知特征是心理声学基础研究的一个重要方面，作为心理声学的一个基本参量，它是分析计算心理声学参量的基础。在心理声学方面已有大量关于响度方面的研究，随着目前对声音的主观感受研究逐渐成为关注焦点。响度作为对声音主观感受较为重要的衡量指标，几十年来国外对于响度的研究一直不断，从早期对纯音等响曲线的研究，到近些年来对日益受到关注的时变信号响度特征和双耳异响的研究，国外研究者积累了丰富的研究经验，取得了很多研究成果。

响度描述的是声音的响亮程度，表示人耳对声音的主观感受。Zwicker 方法是计算响度的经典方法，考虑了人耳对声音感知的掩蔽效应。从信号处理角度看，为了反映掩蔽效应中人耳对某些中心频率更敏感，而对中心频率周围频率的敏感度随其与中心频率距离增加而减少的特性，将人耳能够感知的频率范围根据这些中心频率划分为不同的频带，称为临界频带。临界频带是用于分析频域掩蔽效应的一个重要物理量，其单位为巴克（Bark），1Bark 等于一个临界带。频率小于 500Hz 时临界频带 1Bark 带宽约等于 100Hz，频率大于 500Hz 时 1Bark 带宽为该临界频带中心频率的 20%。其准确的转换公式：

$$z = 13\arctan(0.00076f) + 3.5\arctan(f/7500)^2 \tag{2-89}$$

在 20Hz～16kHz 的范围内有 24 个临界频带。由于水声信号一般分析频段不超过 4kHz，在本章中，响度特征的频带数目与分析的上限频率存在一定的关系。

由于人耳对声音大小的感知随着频带内能量大小会存在尺度变换的效应，称为特性响度。特性响度是基于指数定律得到的，反映声音能量的变化和人耳感知响度的关系。24 段临界频带内的特性响度模拟了人耳听觉的非线性分辨特性，反映了声音信号的大量且重要的特征信息，更接近于人的主观感受。特性响度（单位为 sone/Bark）的计算公式如下：

$$N(z) = 0.08\left(\frac{E_{TQ}}{E_0}\right)^{0.23}\left(\left(\frac{E}{2E_{TQ}} + \frac{1}{2}\right)^{0.23} - 1\right) \tag{2-90}$$

式中，E_{TQ} 为安静状况下听阈对应的能量；E 为声信号频带内能量；E_0 为参考声强 $I_0 = 10^{-12}\,\mathrm{W/m^2}$ 对应的能量。最终，本章取各频率范围内临界频带的特性响度作为最终特征，进行分类识别。

音色特征被认为是与响度特征相对独立的其他特征，一般认为与声音的波形和频谱结构有关。通过等效矩形带宽（equivalent rectangular bandwidth，ERB）的频率划分，可以给出六种能够反映子带内频谱形状特点的音色特征（谱质心、谱质心带宽、谱通量、谱下降量、谱不规律性、谱平整度）。其中，频率向等效矩形带宽频率转化的公式如下：

$$\mathrm{ERB}(f) = 24.673 \times (0.004368f + 1) \tag{2-91}$$

式中，f 表示信号的原始频率，单位为 Hz。通过将 f 转化为等效矩形带宽的频率，再将该频率划分为 8 个等频率间隔的频带，这样就完成了频带划分。

（1）谱质心代表了频率对于能量分布的期望，对于以线谱为主的水下声信号，该参量表示了线谱各频率加权后的均值（权值为频谱能量），对于以连续谱为主的信号，谱质心表示连续谱中能量集中的频率区域。因此，谱质心能在一定程度上反映信号的频率特点。

谱质心的计算方法如下：

$$\mathrm{SC} = \frac{\displaystyle\int_{f_l}^{f_h} fE(f)\mathrm{d}f}{\displaystyle\int_{f_l}^{f_h} E(f)\mathrm{d}f} \tag{2-92}$$

式中，f_h 和 f_l 分别表示分析频带的频率上下限；$E(f)$ 表示频率 f 处的能量。对于数字信号，可将式（2-92）中的积分转化为求和进行计算。

（2）谱质心带宽也是一种反映频率特性的方法，通过在一个频带内，将低于和高于谱质心的频率分为两段，分别在两段中计算各自的谱质心，最后计算这两个谱质心的差值。谱质心带宽与谱质心更为精细地描述了一个频带内能量随频率分布的情况，是一个局部的特征，但是谱质心带宽没有反映能量随频率的整体分布。

$$SBW = SC_{high}(SC < f < f_h) - SC_{low}(f_l < f < SC) \tag{2-93}$$

式中，$SC_{high}(SC < f < f_h)$ 和 $SC_{low}(f_l < f < SC)$ 分别表示大于和小于整体频带谱质心频率的两个频带内的谱质心。

（3）谱通量计算方法如下：

$$SF = \int_0^{f_{max}} E(f)df = \sum_{k=1}^{N} \Delta f(k)E(k) \tag{2-94}$$

谱通量是声音信号频谱的包络面积，反映信号中各频带成分的能量之和，即全频带能量。该参数仅仅反映在总能量上声音样本的差别，与频率无关。

谱下降量是一种描述频谱倾斜程度的量值。这个值被定义为在集中的功率谱的累积幅度 C 以下的频率，计算得经验公式如式（2-95）所示，其中 C 是一个经验系数。

$$\sum_{k=1}^{K} X(k) \leqslant C \sum_{k=1}^{K} E(k) \tag{2-95}$$

（4）谱下降量的单位是 Hz，一般取 C 为 85%，认为该频率是包含 85%总频谱能量的频率范围。SR 用于表示频谱形状的倾斜程度。具体计算公式如下：

$$SR = R \tag{2-96}$$

式中，R 由

$$\sum_{k=1}^{R} E(k) = 0.85 \sum_{k=1}^{N} E(k) \tag{2-97}$$

通过对频谱 E 进行累积后，寻找接近最大值 85%所在频率位置的方法确定。

（5）谱不规律性描述了谱包络的形状，是在频谱上相邻频率的幅度差程度的函数。因此，该差值反映了频谱包络的平整程度，频谱越是平整，则该值越小。计算谱不规律性的公式如下：

$$SI = \frac{\sum_{k=1}^{N}(E(k) - E(k-1))^2}{\sum_{k=1}^{N} E(k)^2} \tag{2-98}$$

利用非线性平方的操作使频谱的能量更突出，更能够反映谱包络的形状规律。

（6）谱平整度（spectral flatness measurement，SFM）定义为几何平均（Gm）与算术平均（Am）的比值，反映了信号中单频成分的比例。当 SFM 接近 0 时，信号变得更像正弦曲线；当 SFM 接近 1 时，信号变得更平整、更不互相关联。SFM 的单位为 dB，计算方法如下：

$$SFM = 10\log_{10}\left(\frac{Gm}{Am}\right) = 10\log_{10}\left(\frac{\left(\prod_{k=1}^{N}|E(k)|\right)^{\frac{1}{N}}}{\frac{1}{N}\sum_{k=1}^{N}|E(k)|}\right)\qquad(2\text{-}99)$$

2.4.3　基于自编码器的多域特征融合

将前述各种特征作为自编码深度神经网络的输入，通过自编码学习后，将输出响应作为融合后的特征向量，再利用分类器进行分类识别，这样就实现了基于自编码深度神经网络的多域特征融合。

自编码网络在分类问题中更倾向于输出不同类别的概率，因此可以选择 Softmax 作为分类层的激活函数，该函数可以使得输出变成概率的形式，并使得所有输出的和为 1。分类过程的具体数学表达形式为

$$\text{Softmax}(X) = \frac{\exp\left(\sum_{i=1}^{d}W_{yi}x_i\right)}{\sum_{y=1}^{c}\exp\left(\sum_{i=1}^{d}W_{yi}x_i\right)}\qquad(2\text{-}100)$$

式中，X 表示分类层的输入矩阵；x_i 表示输入的第 i 个神经元；d 表示神经元的总数；W_{yi} 表示分类输入层的第 i 个神经元到分类输出的第 y 个神经元之间的权重矩阵；c 表示输出神经元总数。

用于测试的数据集包含 3 类水声目标（舰船、商船及某水下目标），均为实际海域测试得到。每类目标信号包含 15 个片段，每段 6s 左右。实验中划分样本时，以 0.1s 为一帧，相邻帧之间没有重叠。在实验中使用前 5 个片段进行训练，剩下的数据进行测试，以便对比不同识别系统的性能。

图 2-29 给出了数据集的时频特性，图中使用"黑竖线"分开不同类数据。

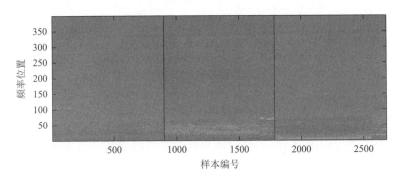

图 2-29　数据集时频图（彩图附书后）

在实验中，利用前述的 MFCC 特征、响度特征以及音色特征进行融合，并对比融合前后的识别性能。对数据集提取其 20～2000Hz 范围内信号的特征。分别讨论了在传统识别框架中，组合这些特征与 Softmax 训练分类模型构建的识别系统的性能，其中 MFCC 特征在 DCT 后保留的维数为 13。正确识别率见表 2-4。

表 2-4　Softmax 分类器在不同特征情况下的正确识别率　　　（单位：%）

特征	正确识别率
MFCC 特征	86.06
音色特征	87.51
响度特征	89.50
融合特征	92.25

由表 2-4 可以看出，将三种单一特征进行融合后，正确识别率有了较为明显的上升，说明使用这种方法进行特征融合，对于目标识别来说是有效的。

在其基础上，还可以进一步发展堆叠自编码特征融合方法，Sofmax 也可以利用 CNN 替代，即将堆叠自编码网络顶层自编码器的隐藏层响应作为 CNN 的输入，发挥 CNN 的处理高维数据的能力和卷积层滤波特点，不仅可以实现特征融合，还可以抑制复杂条件引起的失配效应。

堆叠自编码网络在自编码网络的基础上，加入多层自编码网络，由于自编码网络的有效特征值会保留在隐藏层中，所以在分类问题中，用上一个隐藏层的输出作为下一个自编码网络的输入层，加深网络层，使得网络可以有效提取复杂的特征，网络结构如图 2-30 所示。编码过程的具体数学表达形式可表示为

$$f(O) = f_2(\omega_2 f_1(\omega_1 o + b_1) + b_2) \cdots \tag{2-101}$$

式中，o 为输入向量；ω_1 为从输入层到隐藏层 1 的权值矩阵；b_1 为隐藏层 1 的偏置向量；f_1 为隐藏层 1 的激活函数。本章选择 Sigmoid 函数作为每一层的激活函数。

图 2-30　堆叠自编码器结构图

其优化方法采用的是 BP 神经网络优化算法，通过对损失函数逐层求导获得梯度方向，然后通过最速梯度法进行迭代求解。

参 考 文 献

[1] Hinton G E，Salakhutdinov R R. Reducing the dimensionality of data with neural networks[J]. Science，2006，313：504-507.

[2] Rosenblatt F. Perceptron simulation experiments[C]. Proceedings of the IRE，New York，1960：301-309.

[3] Hopfield J. Neural networks[C]. 1987 International Electron Devices Meeting，Washington，1987：321.

[4] Rumelhart D E，McClelland J L. Parallel Distributed Processing[M]. Cambridge：MIT Press，1986.

[5] Hinton G E，Deng L，Yu D，et al. Deep neural networks for acoustic modeling in speech recognition：The shared views of four research groups[J]. IEEE Signal Processing Magazine，2012，29（6）：82-97.

[6] Fu M C. AlphaGo and Monte Carlo tree search：The simulation optimization perspective[C]. 2016 Winter Simulation Conference（WSC），Washington，2016：659-670.

[7] Jin G，Liu F，Wu H，et al. Deep learning-based framework for expansion，recognition and classification of underwater acoustic signal[J]. Journal of Experimental & Theoretical Artificial Intelligence，2019（5）：1-14.

[8] Chen Y，Xu X. The research of underwater target recognition method based on deep learning[C]. 2017 IEEE International Conference on Signal Processing，Communications and Computing（ICSPCC），Xiamen，2017.

[9] Shen S，Yang H，Sheng M. Compression of a deep competitive network based on mutual information for underwater acoustic targets recognition[J]. Entropy，2018，20（4）：243-256.

[10] Xin R，Zhang J，Shao Y. Complex network classification with convolutional neural network[J]. Tsinghua Science and Technology，2020，25（4）：447-457.

[11] Alali M，Sharef N M，Murad M A A，et al. Narrow convolutional neural network for arabic dialects polarity classification[J]. IEEE Access，2019，7：96272-96283.

[12] Nebauer C. Evaluation of convolutional neural networks for visual recognition[J]. IEEE Transactions on Neural Networks，1998，9（4）：685-696.

[13] Yi H，Shiyu S，Xiusheng D，et al. A study on deep neural networks framework[C]. 2016 IEEE Advanced Information Management，Communicates，Electronic and Automation Control Conference（IMCEC），Xi'an，2016：1519-1522.

[14] Zhang Z，Li J，Zhu R. Deep neural network for face recognition based on sparse autoencoder[C]. 2015 8th International Congress on Image and Signal Processing（CISP），Shenyang，2015：594-598.

[15] Manan N A，Shahbudin S，Kassim M，et al. Power quality disturbances classification using sparse autoencoder（SAE）based on deep neural network[C]. 2021 IEEE 11th IEEE Symposium on Computer Applications & Industrial Electronics（ISCAIE），Penang，2021：19-22.

[16] Singh M，Mishra D，Vanidevi M. Sparse autoencoder for sparse code multiple access[C]. 2021 International Conference on Artificial Intelligence in Information and Communication（ICAIIC），Jeju Island，2021：353-358.

[17] Yuming H，Junhai G，Hua Z. Deep belief networks and deep learning[C]. Proceedings of 2015 International Conference on Intelligent Computing and Internet of Things，Guilin，2015：1-4.

[18] Li T，Zhang J，Zhang Y. Classification of hyperspectral image based on deep belief networks[C]. 2014 IEEE International Conference on Image Processing（ICIP），Paris，2014：5132-5136.

[19] Tan H H，Lim K H. Vanishing gradient mitigation with deep learning neural network optimization[C]. 2019 7th International Conference on Smart Computing & Communications（ICSCC），Sarawak，2019：1-4.

[20] 汪鑫. 基于深度卷积生成对抗网络的水声目标识别[D]. 西安：西北工业大学，2016.

[21] Kingma D P，Ba J. Adam：A method for stochastic optimization[EB/OL].（2017-01-30）[2023-05-10].

https://arxiv.org/pdf/1412.6980.pdf.

[22]　Stuhlsatz A，Lippel J，Zielke T. Feature extraction for simple classification[C]. 2010 20th International Conference on Pattern Recognition，Istanbul，2010：1525-1528.

[23]　王强，曾向阳. 深度学习方法及其在水下目标识别中的应用[C]. 2015 年全国水声学术会议，武汉，2015.

[24]　LeCun Y，Bottou L，Bengio Y，et al. Gradient-based learning applied to document recognition[J]. Proceedings of the IEEE，1998，86（11）：2278-2324.

[25]　Yang T，Tseng T，Chen C. Recurrent neural network-based language models with variation in net topology，language，and granularity[C]. 2016 International Conference on Asian Language Processing（IALP），Tainan，2016：71-74.

[26]　Shi Z，Shi M，Li C. The prediction of character based on recurrent neural network language model[C]. 2017 IEEE/ACIS 16th International Conference on Computer and Information Science（ICIS），Wuhan，2017：613-616.

[27]　Park S，Song J，Kim Y. A neural language model for multi-dimensional textual data based on CNN-LSTM network[C]. 2018 19th IEEE/ACIS International Conference on Software Engineering，Artificial Intelligence，Networking and Parallel/Distributed Computing（SNPD），Busan，2018：212-217.

[28]　Sundermeyer M，Ney H，Schlüter R. From feedforward to recurrent LSTM neural networks for language modeling[J]. IEEE/ACM Transactions on Audio，Speech，and Language Processing，2015，23（3）：517-529.

[29]　Chung J Y，Gulcehre C，Cho K H，et al. Empirical evaluation of gated recurrent neural networks on sequence modeling[EB/OL]. (2014-12-11)[2023-05-10]. https://arxiv.org/abs/1412.3555.

[30]　Nair V，Hinton G E. Rectified linear units improve restricted Boltzmann machines[C]. Proceedings of the 27th International Conference on Machine Learning（ICML-10），Haifa Israel，2010：807-814.

[31]　张文娜. 多源图像融合技术研究[D]. 南京：南京航空航天大学，2012.

[32]　Çatalbaş M C，Özkazanç Y. Image classification via multi-canonical correlation analysis[C]. 2014 22nd Signal Processing and Communications Applications Conference（SIU），Trabzon，2014：1011-1014.

第 3 章　基于卷积神经网络的水中目标分类识别

在典型卷积神经网络原理基础上，结合水声目标数据及其分类识别的特点，本章首先构建了一种适用于水中目标识别的卷积神经网络，通过实际数据检验了其性能，然后通过实验进一步探讨了影响网络模型的几种参数的影响规律。

3.1　适用于水中目标识别的卷积神经网络

从滤波器角度对 CNN 网络进行观察可以带来新的启发[1, 2]，卷积层将时序信号通过不同的 FIR 滤波器，而卷积核参数可视为 FIR 滤波器参数。在池化层，利用 2 范数获得滤波后信号的能量作为特征，这样考虑到水声数据较少以及 BP 算法耗时等因素，可对网络进行一定的简化，网络结构如图 3-1 所示。

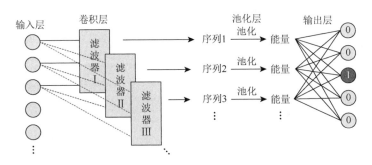

图 3-1　卷积神经网络用于水声目标识别时的结构图

网络第一层为卷积层，将输入层声学波形信号记为 x，长度为 N，第 i 个滤波器 FIR 序列为 a_i，共使用 K 个长度均为 M 的 FIR 滤波器，声信号通过滤波器后的时域信号序列可利用卷积运算表示：

$$c_i(t) = x(t) \otimes a(t) = \sum_{i=1}^{N} x(t-i)a(i) \tag{3-1}$$

第二层为池化层，利用平方和作为降采样的方法，用于计算信号通过不同滤波器后序列的能量：

$$s_i = \frac{1}{N-M+1} \| c_i(t) \|_2^2 \tag{3-2}$$

最后通过 Sigmoid 激活函数后，并以全连接形式连入输出层，设输出层的权

值矩阵为 W，偏置向量为 b，f 为激活函数。输出层使用 Softmax 函数进行分类。则输出为 $O = Wf(s) + b$，当前样本属于第 i 类的概率为

$$P(O_i = 1) = \frac{\exp(O_i)}{\sum_i \exp(O_i)} \tag{3-3}$$

使用 Softmax 函数时，取得最大概率的类别即为当前样本的最终类别。以上是 CNN 网络的前向过程。网络参数集合可以表示为

$$\lambda = \{W, b, a_i\}, \quad i = 1, 2, \cdots, K$$

输出层使用 Softmax 层时，网络总体误差函数使用交叉熵代价函数：

$$L(\lambda) = \sum_{i=1}^{C} 1\{T_i = 1\} \log O_i \tag{3-4}$$

式中，T 为目标类别指示，当前样本属于第 i 类时，该值为 1；C 为类别数量；$1\{*\}$ 为示性函数，当 $*$ 为真时，取 1，否则取 0。

3.2 卷积核的正则化

正则化（regularization）[3,4] 是机器学习领域非常重要并且非常有效的减少泛化误差的方法，特别是在深度学习模型中，由于模型参数多易于产生过拟合现象，从而导致误差大。研究人员提出过不少有效的方法抑制过拟合，其中常用的方法具体如下。

（1）在损失函数中添加约束项，如 L1 范数或 L2 范数，分别称为 L1 正则化或 L2 正则化。

（2）扩充训练数据集，如添加噪声、数据变换等。

（3）Dropout，是一类通用并且计算复杂度低的正则化方法，近年来被广泛使用。该方法在训练过程中，随机丢弃一部分输入，对应的参数不会更新，相当于一个子网络集成方法。

（4）提前停止（early stopping），在模型训练过程中经常出现训练误差随着迭代不断减少，但是验证误差减小后开始增大。提前停止的策略是：在验证误差不再增加后，提前结束训练，而不是一直等待验证误差达到最小值。

（5）半监督学习，通过参数共享的方法，通过共享 $P(x)$ 和 $P(y|x)$ 的底层参数能有效解决过拟合。

（6）多任务学习，通过多个任务之间的样本采样来达到减少泛化误差的目的。

在 CNN 中，卷积运算能够提取出与卷积核时域波形相近的信号成分，这是 CNN 算法特征提取的关键步骤。很明显，滤波器组对网络性能有很大的影响，为了更好地学习滤波器组参数，有必要在式（3-4）的基础上为滤波器参数添加一系

列约束。为了保证池化层能够获得滤波后信号的能量，可以约束滤波器的均值为 0，即对所有 $i=1,2,\cdots,K$ 的 FIR 滤波器去除其直流分量：

$$\sum_j a_{ij} = 0 \tag{3-5}$$

由于池化层使用了 Sigmoid 函数，需要保证 s_i 是一个相对较小的值，能够出现在 Sigmoid 函数的上升沿，而非平稳段。为了约束 FIR 滤波器的响应幅值在一定合理范围内，可对滤波器组参数施加 L2 正则化约束：

$$L_2 = \| a \|_2^2 \tag{3-6}$$

与 L2 正则化约束相同，在滤波器数量较多时，滤波器相互之间具有正交性会带来一定的好处。正交约束是受到传统声学编码方式的启发提出的。传统声学编码借助 FFT 或小波等，其基函数的一个重要性质就是具有正交化的特点。近似正交基可在信号表示中带来一系列的优良性质，抑制变换后系数之间的相关性，在样本数较少的情况下，表示特征之间的相关性难度较大，大多数情况下这种信息被认为是冗余的，加入正交约束可以使后续的训练过程更为高效。本节对正交约束定义如下：

$$L_O = \| aa' - I \|_2^2 \tag{3-7}$$

综上，最终代价函数可写为

$$L_T = L + \alpha L_2 + \beta L_O \tag{3-8}$$

L 由式（3-4）定义，α、β 表示对应约束项的权重，根据实际需要赋值。由式（3-5）产生的约束，可在参数 a 更新完毕后进行按行去均值的操作完成。L_T 对参数 a 的偏导数可由式（3-9）获得：

$$\frac{\partial L_T}{\partial a} = \frac{\partial L}{\partial a} + 2\alpha a + 4\beta(aa' - I)a \tag{3-9}$$

因此，可利用 BP 算法对 CNN 网络参数进行更新：

$$\lambda_{l+1} = \lambda_l - \eta \frac{\partial L_T}{\partial \lambda}\bigg|_{\lambda=\lambda_l} \tag{3-10}$$

传统识别方法依赖于在前端进行高度经验化的特征提取，往往采用 FFT 后取幅值的方式去除相位信息，从而克服实际中信号移位或起始点变动引起的相位信息变化。由于池化层的存在，CNN 可以获得具有时移不变性的特征，可以忽略初始相位对信号特征（CNN 降采后隐藏层节点响应）带来的影响。

与在神经网络训练过程中加入稀疏约束和正则化相同，这利用了 L2 正则化和正交约束对卷积核即滤波器组进行约束。正交约束不仅使得训练得到的滤波器参数幅值在一定范围内，而且可使训练得到的滤波器具有正交化的特点。这种特点可由图 3-2 看出，本章在使用完全随机的高斯分布随机数作为初始值的情况下，最终训练得到的卷积核内积结果在主对角线上具有绝对的优势，不同核之间具有较强的正交性。

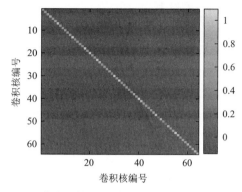

图 3-2　CNN 中卷积核（滤波器）的正交性（彩图附书后）

3.3　实验结果及分析

根据前面两节的介绍，由于 CNN 具有特殊性，需要将波形数据直接作为 CNN 的输入，采用满足这些特点的数据集 1 进行实验。设定 32 个卷积核，每个核设置为 64 个采样点，式（3-8）中 α 取 0.01，β 取 0（仅使用 L2 正则化）时，卷积神经网络训练的代价函数和正确识别率随着训练过程的变化如图 3-3 所示。可以看出，CNN 训练过程是可以收敛的。

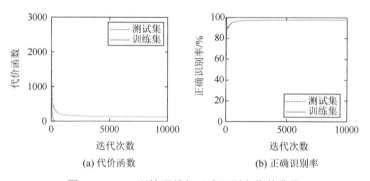

图 3-3　CNN 训练误差与正确识别率收敛曲线

表 3-1 表示了使用不同滤波器个数时 CNN 的识别结果。从表中可以看出，在一定滤波器个数范围内，尽管正确识别率会有所变化，但是所有的 CNN 系统的识别效果均明显高于基于传统特征或深度全连接网络的方法（为 92%～94%）。传统特征或深度全连接网络的输入最终来源于目标信号的频谱，这就说明与原始波形相比，FFT 频谱由于去除了相位，已经损失了一半的目标信息。CNN 系统以 Softmax 分类的代价函数为统一优化指标，能够找到使代价函数最小的滤波器组合，换言之，CNN 能够找到对分析的数据集最具有鉴别能力的滤波器组，较 FFT 这类传统基于经验的声信号分析方法更适合于对目标信号进行分类识别。

表 3-1　不同数量卷积核和正则化约束情况下的正确识别率　　　（单位：%）

正则化方法	32	64	128
L2 正则化	97.93	96.03	96.15
L2 正则化 + 正交约束	97.32	98.60	96.20

　　从表 3-1 中还可以看出，使用正交约束情况下，在 64 个卷积核的情况下能够提升系统的性能，而在 32 个和 128 个卷积核的情况下，正确识别率变化并不明显。另外，添加正交约束对计算速度并没有显著的影响。从总体上看，使用正交约束对系统性能能够带来一定的正面影响。

　　在初始化时，实验中设置滤波器形状均为高斯分布的随机数，通过 CNN 训练后滤波器的形状如图 3-4（无正交约束）和图 3-5（有正交约束）所示。

　　可以看出，大多数滤波器具有正弦形式，部分滤波器具有小波基函数的特点。而时域波形表示在水声信号中包含这些线谱、宽带谱和调制成分，这与传统上对水声信号组成的认知是相符的。但是也要看到，在不使用正交约束时得到的这些直观的滤波器时域形式，很多是相似或者重复的，这些结构可能是区分数据集中已有数据的关键成分，而所有滤波器的集合尽管从波形上可以看出覆盖了很多的频率范围，但是总体看来，得到的滤波器组是不完备的，也就是说，通过学习得到的 CNN 的卷积核并不能完整地保存信号所有信息（与 FFT、小波变换不同，这些变换可通过逆变换完整或近似完整地恢复原信号），完备的变换基既提取了有用的目标信息，也完整地保留了噪声信息。而 CNN 能够不依赖人工经验有效地找到最具有鉴别能力的波形结构，抑制其他噪声信息。通过数据集学习得到底层波形特征，CNN 在其他方法已经达到了较好的识别效果（92%~94%）时，仍能够再显著提升 4 个百分点以上。在使用正交约束时，滤波器呈现出多样化的特点，单频成分减少。多样化的滤波器尽管能够提取更多的信号信息，但是也可能引入与识别无关的特征，是否使用正交约束应根据实际情况进行分析判断。

　　包括卷积神经网络在内的深度神经网络在传统识别系统上有所突破，其核心能力体现在两个方面。

　　（1）提供了一个更鲁棒、适应性更强的特征提取方法。这些特征提取方法能够根据数据集中观察到的数据自适应地调整特征提取参数，所提特征能够更好地反映数据包含的信息。

　　（2）将预训练的各种网络堆叠起来或通过组合使用卷积层和池化层，然后使用统一的代价函数进行全局优化的过程也能够在一定程度上提高目标识别系统的性能。传统目标识别方法将特征提取和分类器设计割裂开来，造成了一定的性能损失。

　　由于上述优点，在大多数数据集中，使用深度学习方法能够获得更鲁棒的性能。

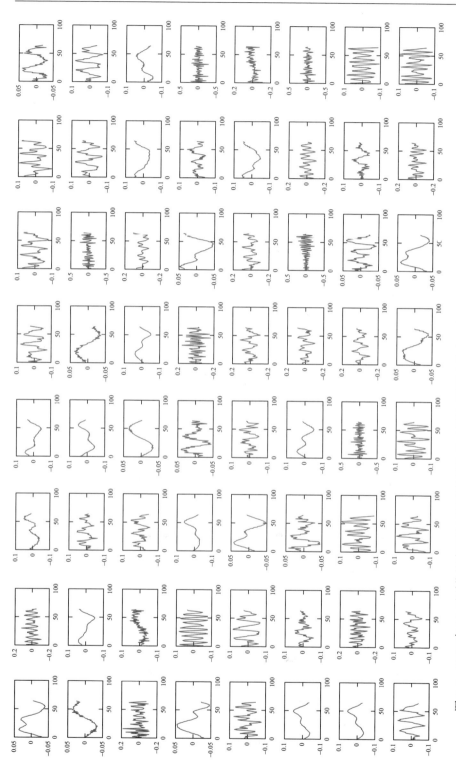

图 3-4 CNN 在 L2 正则化约束下学习得到的滤波器时域波形 [图中从左至右、上至下分别为 CNN 在指定约束下学习得到的编号 1～64 的卷积核（FIR 滤波器组）的时域波形结构，各图元横坐标为 64 个采样点，纵坐标为归一化幅度]

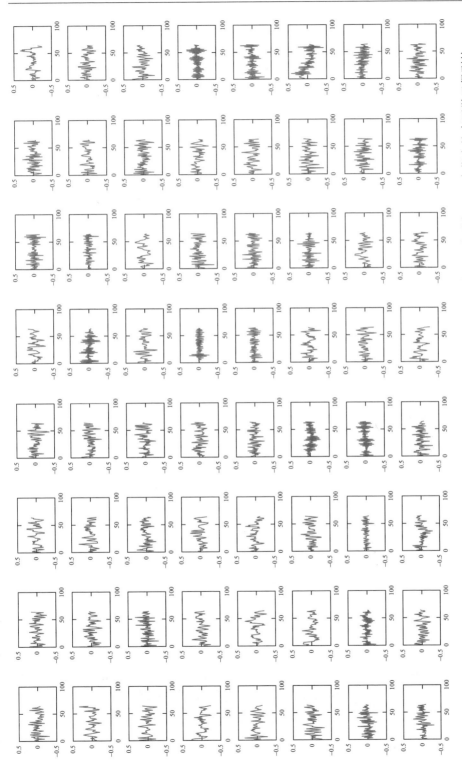

图 3-5　CNN 在 L2 正则化和正交约束下学习得到的滤波器时域波形（图中从左至右，上至下分别为 CNN 在指定约束下学习得到的编号 1～64 的卷积核（FIR 滤波器组）的时域波形结构，各图元横坐标为 64 个采样点，纵坐标为归一化幅度]

3.4　卷积神经网络模型的参数选择

卷积神经网络涉及卷积层数、卷积核尺寸、卷积核深度、学习率和迭代次数等一系列参数。在图像识别中，一般使用多个卷积层的原因是图像信号数据维度较高，数据量较大，而且每个卷积层提取的特征类别也有所不同，例如，图像纹理信息、边缘信息、局部信息都需要不同的卷积层来提取特征。但水声目标辐射噪声一般是一维信号，数据量相对较小，故本节只采用两层卷积层进行分类识别。

用于实验的数据集包括三类水声目标，均为海试实测数据，每类数据包括 15 个 wav 文件，每个文件长度为 6s，共计 90s，采样频率为 8000Hz。将三类数据进行预处理，每 0.1s 作为一个小样本，则每类目标有 900 个样本，其中将前 750 个样本作为训练集，后 150 个样本作为验证集。本节基于这些数据进行卷积神经网络的参数优选研究。

3.4.1　卷积核尺寸参数优选

设置学习率为 0.01，每个卷积核深度为(2, 4)，迭代次数为 20 次，卷积核选取 1×2 进行实验，结果如图 3-6 所示。

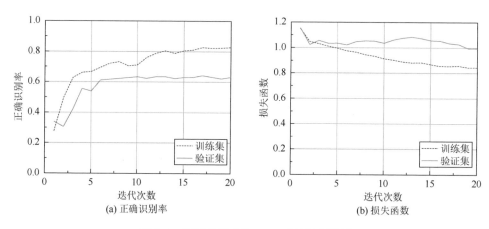

图 3-6　卷积核尺寸为 1×2 时的识别结果

当卷积核的尺寸为 1×2 时，训练集的正确识别率可以达到一个较高的水平，在 0.8 以上，但在验证集上的表现却很差，只有 0.63 左右。从损失函数方面来看，训练集和验证集的损失函数都比较大，说明此时的网络处于过拟合状态。为了解决此问题，需要进一步加大卷积核的尺寸。

设置学习率、卷积核深度和迭代次数均与前面相同，卷积核选取 1×3 进行实验，结果如图 3-7 所示。

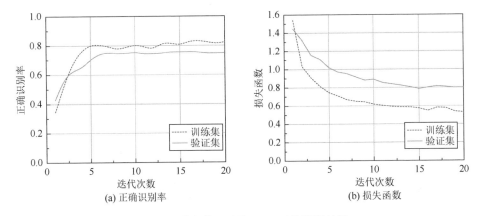

(a) 正确识别率　　　　　　　　　　(b) 损失函数

图 3-7　卷积核尺寸为 1×3 时的识别结果

可见，当卷积核尺寸增加到 1×3 时，训练集的正确识别率仍保持在 0.8 以上，并且此时的验证集正确识别率也有很大的提高，达到了 0.77。但是训练集和验证集的损失函数依旧较大，需要进一步增加卷积核的尺寸。

设置学习率、卷积核深度和迭代次数均与前面相同，卷积核选取 1×4 进行实验，结果如图 3-8 所示。

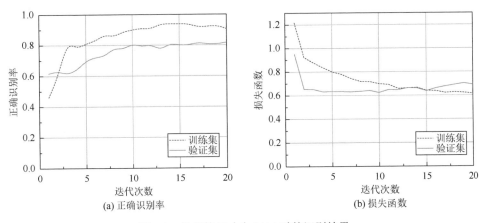

(a) 正确识别率　　　　　　　　　　(b) 损失函数

图 3-8　卷积核尺寸为 1×4 时的识别结果

结果表明，当卷积核尺寸增加到 1×4 时，训练集的正确识别率提升到了 0.9 以上，验证集的正确识别率提升到了 0.8 以上，继续增加卷积核尺寸，观测正确识别率能否继续上升。

设置学习率、卷积核深度和迭代次数均与前面相同，卷积核选取 1×5 进行实验，结果如图 3-9 所示。

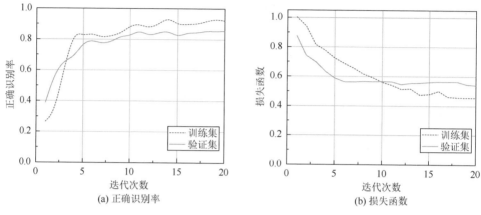

(a) 正确识别率　　　　　　　　　　　　(b) 损失函数

图 3-9　卷积核尺寸为 1×5 时的识别结果

继续增加卷积核尺寸，训练集的正确识别率基本保持不变，验证集的正确识别率达到了 0.83，此时继续增加卷积核尺寸进行实验。

设置学习率、卷积核深度和迭代次数均与前面相同，卷积核选取 1×6 进行实验，结果如图 3-10 所示。

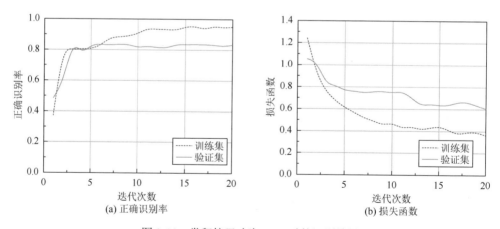

(a) 正确识别率　　　　　　　　　　　　(b) 损失函数

图 3-10　卷积核尺寸为 1×6 时的识别结果

当卷积核的尺寸继续增加时，训练集的正确识别率继续有所增加，但是验证集的正确识别率却有所下降，此时若继续增加卷积核的尺寸，不但不会使模型的正确识别率上升，反而会降低模型的训练速度，增加计算机的负担。由于在卷积核尺寸增加的同时，模型获取的特征数在减少，故造成了正确识别率的降低。

表 3-2 给出了不同卷积核尺寸时训练集和验证集的正确识别率和损失函数。可以看出，在学习率为 0.01、每个卷积核深度为(2, 4)、迭代次数为 20 次时，当卷积核尺寸在 1×6 时，三类目标的正确识别率达到最高，损失函数达到最小。然而对于验证集 0.8312 的正确识别率和 0.5842 的损失函数，依然达不到识别要求，接下来将研究识别性能与卷积核深度参数的关系。

表 3-2　不同卷积核尺寸时训练集和验证集的正确识别率和损失函数

卷积核尺寸	正确识别率		损失函数	
	训练集	验证集	训练集	验证集
1×2	0.8124	0.6212	0.8712	1.000
1×3	0.8135	0.7263	0.5642	0.8011
1×4	0.9127	0.8038	0.6014	0.7125
1×5	**0.9150**	**0.8312**	**0.5135**	**0.5842**
1×6	0.9370	0.8200	0.3903	0.6000

注：书中表格里数值加粗代表该方法最优。

3.4.2　卷积核深度参数优选

设置学习率为 0.01，迭代次数为 20 次，卷积核选取 1×5，卷积核深度选取(4, 8)进行实验，结果如图 3-11 所示。

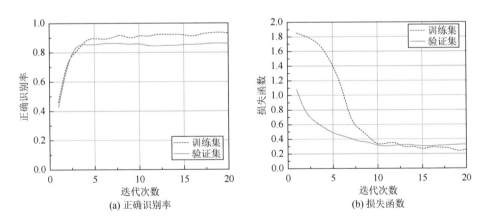

图 3-11　卷积核深度为(4, 8)时的识别结果

在卷积核深度为(4, 8)时，训练集的正确识别率可以达到 0.9，但验证集的正确识别率只有 0.85，且此时训练集和验证集的损失函数都比较高，网络处于过拟合状态，需要进一步增加卷积核深度。

设置学习率、迭代次数和卷积核均与前面相同，卷积核深度选取(8, 16)进行实验，结果如图 3-12 所示。

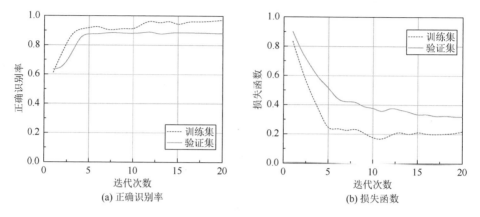

图 3-12　卷积核深度为(8, 16)时的识别结果

当卷积核深度达到(8, 16)时，训练集的正确识别率达到了 0.97，而验证集的正确识别率也有小幅度的提升，达到了 0.87 左右。接下来将进一步增加卷积核的深度进行实验。

设置学习率、迭代次数和卷积核均与前面相同，卷积核深度选取(16, 32)进行实验，结果如图 3-13 所示。

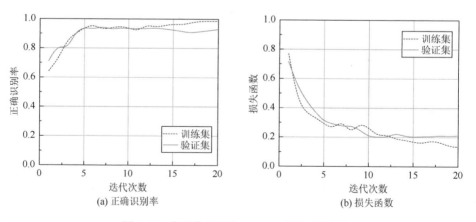

图 3-13　卷积核深度为(16, 32)时的识别结果

当卷积核深度达到(16, 32)时，训练集的正确识别率已经逼近 1，验证集的正确识别率也已超过 0.9，说明增加卷积核深度可以有效地提高模型的正确识别率，此时继续增加卷积核深度进行实验。

设置学习率、迭代次数和卷积核均与前面相同，卷积核深度选取(32, 64)进行实验，结果如图 3-14 所示。

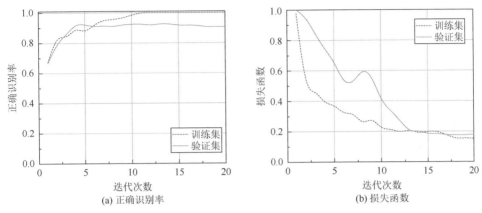

图 3-14　卷积核深度为(32, 64)时的识别结果

训练集的正确识别率在第 12 次迭代时已经达到 1，但验证集的正确识别率与上一步实验相差无几，在 0.9 左右，而且训练集和验证集的损失函数也都与上一步实验相近。这说明增加卷积核深度不一定能继续提高识别性能，为了检验这一点，继续增加卷积核深度进行实验。学习率、迭代次数和卷积核均与前面相同，卷积核深度选取(64, 128)进行实验，结果如图 3-15 所示。

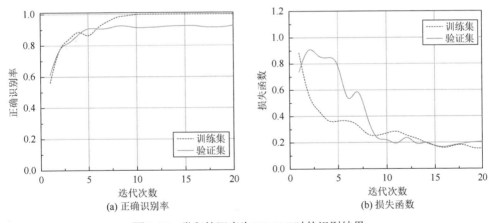

图 3-15　卷积核深度为(64, 128)时的识别结果

由图 3-15 可见，训练集的正确识别率在第 10 次迭代时达到了 1，而验证集的正确识别率依旧停留在 0.9 附近。这说明继续增加卷积核深度并不能增加网络的性能，反而会占用较多的计算机资源，使得训练时间增加。表 3-3 是不同卷积核深度时的训练集和验证集正确识别率和损失函数。

表 3-3 中结果对应的学习率为 0.01、迭代次数为 20 次时，卷积核尺寸为 1×5。可以看出，与卷积核深度(2, 4)、(4, 8)、(8, 16)相比，卷积核深度为(16, 32)时三类目标的正确识别率达到最高，损失函数达到最小。此时的验证集正确识别率为0.9125，损失函数为 0.2529。

表 3-3　不同卷积核深度时训练集和验证集的正确识别率和损失函数

卷积核深度	正确识别率		损失函数	
	训练集	验证集	训练集	验证集
(2, 4)	0.9150	0.8312	0.5135	0.5842
(4, 8)	0.9136	0.8552	0.2814	0.3510
(8, 16)	0.9767	0.8741	0.2260	0.3384
(16, 32)	**0.9802**	**0.9125**	**0.1525**	**0.2529**
(32, 64)	1.000	0.9012	0.1500	0.1758
(64, 128)	1.000	0.9107	0.1428	0.2057

3.4.3　学习率参数优选

不同的学习率能够决定目标函数能否收敛到最小值以及何时能收敛到最小值。过小的学习率会使得网络训练速度较慢，目标函数收敛较慢或者只是收敛到一个局部最值，而过大的学习率则会导致目标函数在最值附近摆动而无法收敛到最值。因此适当的学习率会直接影响网络的识别性能，而基于先前的经验，针对不同的目标函数，大部分网络的学习率取在 0.001, 0.01, 0.1，因此本节也选取这三类学习率进行对比实验。

设置每个卷积核深度为(16, 32)，卷积核选取 1×5 进行实验，选取迭代次数为 20 次，选取学习率为 0.001，结果如图 3-16 所示。

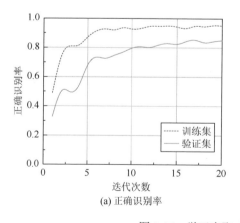

(a) 正确识别率

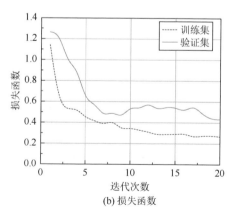

(b) 损失函数

图 3-16　学习率取 0.001 时的识别结果

当学习率取 0.001 时，训练集的正确识别率为 0.93，而验证集的正确识别率为 0.83 左右，大大低于学习率取 0.01 时的正确识别率，且验证集的损失函数较大。这是由于学习率较小，导致了迭代次数较少时无法充分训练网络，使得目标函数无法收敛到最小值。或者是学习率较小，导致目标函数已经收敛到了一个最小值，但只是一个局部最小值，并不是全局最小值的情况。此时进一步加大损失函数进行实验。

设置每个卷积核深度为(16, 32)，卷积核选取 1×5 进行实验，选取迭代次数为 20 次，选取学习率为 0.1，结果如图 3-17 所示。

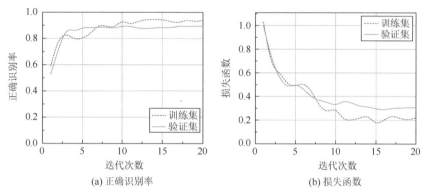

(a) 正确识别率　　　　　　　　　(b) 损失函数

图 3-17　学习率取 0.1 时的识别结果

表 3-4 将前面完成的学习率为 0.01 时的实验结果一并进行比较，可以看出，当学习率取 0.1 时，训练集的正确识别率为 0.92，验证集的正确识别率为 0.86，也远低于学习率取 0.01 时的正确识别率。这是由于学习率过大，目标函数无法收敛到最小值而只能在最小值附近摆动，验证集的损失函数也相对较高。

表 3-4　不同学习率时训练集和验证集的正确识别率和损失函数

学习率	正确识别率		损失函数	
	训练集	验证集	训练集	验证集
0.001	0.9287	0.8314	0.3014	0.4236
0.01	**0.9802**	**0.9125**	**0.1525**	**0.2529**
0.1	0.9214	0.8634	0.2089	0.3147

表 3-4 中的数据充分证明了过大或者过小的学习率都将导致目标函数不收敛或者收敛不到最小值的结论，针对本章所使用的三类数据，选取 0.01 的学习率可以使得网络达到很好的识别效果。

综合以上研究结果，对于三类水声目标的分类识别，选取 2 层 CNN 网络，卷积核尺寸为 1×5、卷积核深度为(16, 32)、学习率取 0.01、迭代次数为 20 次时，可以达到最好的识别效果，此时验证集正确识别率为 0.9125，损失函数为 0.2529。

3.4.4 池化方式优选

前面的实验中采用平方和池化方式，本节将采用最大池化和平均池化的方法进行实验，将识别结果与平方和池化方式进行对比。设置学习率为 0.01，每个卷积核深度为 $(16, 32)$，卷积核尺寸为 1×3，迭代次数为 20 次，池化方式为最大池化，实验结果如图 3-18 所示。

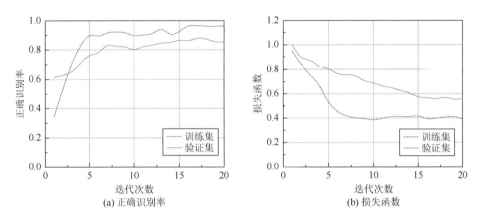

图 3-18　最大池化时的识别结果

在其他参数不变、使用最大池化时，训练集的正确识别率为 0.96，验证集的正确识别率为 0.83，相对平方和池化方式时的正确识别率 0.91 来说有很大程度的下降。下面研究平均池化时的网络性能。

设置学习率为 0.01，每个卷积核深度为 $(16, 32)$，卷积核尺寸为 1×5，迭代次数为 20 次，池化方式为平均池化，实验结果如图 3-19 所示。

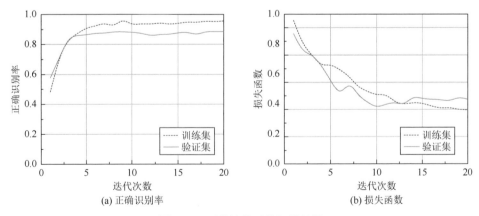

图 3-19　平均池化时的识别结果

当其他参数不变、使用平均池化方式时，训练集的正确识别率为 0.96，而验证集的正确识别率为 0.87，比最大池化方式的正确识别率高，但比平方和池化方式的正确识别率低。表 3-5 总结了在不同池化方式下训练集和验证集的正确识别率和损失函数。

表 3-5　不同池化方式时训练集和验证集的正确识别率和损失函数

池化方式	正确识别率		损失函数	
	训练集	验证集	训练集	验证集
平方和池化	**0.9802**	**0.9125**	**0.1525**	**0.2529**
最大池化	0.9631	0.8345	0.3971	0.5582
平均池化	0.9636	0.8720	0.3920	0.4254

由表 3-5 可以看出，相对最大池化和平均池化方式，平方和池化方式在验证集上表现出了更好的识别性能，这也印证了平方和池化的优点类似于前面 MFCC 特征提取中对傅里叶变换之后的频谱进行特征能量提取这种方式的优越性。

3.5　改进的 CNN 分类识别方法

3.5.1　梯度优化

与深度学习中的传统框架相比，卷积神经网络是局部连接并且权值共享，大大减少了网络参数数量，同时池化层下采样通过减少网络节点数，可进一步减少参数数量，这对于高维输入数据尤为重要。同时，CNN 利用卷积层进行信号的增强，并利用池化层获得具有位移、时移或旋转不变的特征，最后通过全连接神经网络进行分类。从整体上看，卷积层和池化层的交替使用可以获得具有良好性质的鲁棒特性。

与传统的 CNN 不同，改进方法在卷积层和池化层之间引入了批量标准化层。由于 CNN 每层的输入都受到前面所有层参数的影响，网络参数的微小变化会随着网络的深化而放大，这使得训练变得复杂。为解决这一问题，本节采用自适应力矩估计优化梯度。该方法易于实现，计算效率高，对内存的需求小，不受梯度对角调整的影响，并且非常适合数据和/或参数很大的问题。

文献[5]证明白化输入可以加快网络收敛速度，可以在网络任意隐藏层加入批量归一化（batch normalization，BN）层。BN 层可以减小训练过程中的内部协方差偏移。该方法可以防止梯度消失，允许使用更大的学习率，从而加快网络收敛速度。引入 BN 层后均值 μ_B 和方差 σ_B^2 参数更新如下：

$$
\begin{cases}
\mu_B = \dfrac{1}{m} \sum_{i=1}^{m} z_i \\[2mm]
\sigma_B^2 = \dfrac{1}{m} \sum_{i=1}^{m} (z_i - \mu_B)^2
\end{cases}
\tag{3-11}
$$

定义 $\hat{z}_i$ 为标准化后的输入；ε 为防止除零的保护量；z_i 为小批量 B 中第 i 个输入。参数更新如下：

$$
\hat{z}_i = \frac{z_i - \mu_B}{\sqrt{\sigma_B^2 + \varepsilon}}
\tag{3-12}
$$

定义 y_i 为标准化后的输出；γ 和 β 为与 BN 层高斯分布有关的可学习的超参数。参数更新如下：

$$
y_i = \gamma \hat{z}_i + \beta
\tag{3-13}
$$

定义 ℓ 为模型损失函数，使用链式求导法则获得反向传播过程中 BN 层输入梯度：

$$
\frac{\partial \ell}{\partial \hat{z}_i} = \frac{\partial \ell}{\partial y_i} \cdot \gamma
\tag{3-14}
$$

使用 BN 层输入误差项可以求解该批量的样本均值 μ_B 和方差 σ_B^2 的梯度：

$$
\begin{cases}
\dfrac{\partial \ell}{\partial \sigma_B^2} = \sum_{i=1}^{m} \dfrac{\partial \ell}{\partial \hat{z}_i} \cdot (z_i - \mu_B) \cdot \dfrac{-1}{2} (\sigma_B^2 + \varepsilon)^{-3/2} \\[3mm]
\dfrac{\partial \ell}{\partial \mu_B} = \sum_{i=1}^{m} \dfrac{\partial \ell}{\partial \hat{z}_i} \cdot \dfrac{-1}{\sqrt{\sigma_B^2 + \varepsilon}} + \dfrac{\partial \ell}{\partial \sigma_B^2} \cdot \dfrac{-2(z_i - \mu_B)}{m}
\end{cases}
\tag{3-15}
$$

根据均值和方差的梯度可以获得反向传播过程中 BN 层输出结果的梯度：

$$
\frac{\partial \ell}{\partial z_i} = \frac{\partial \ell}{\partial \hat{z}_i} \cdot \frac{1}{\sqrt{\sigma_B^2 + \varepsilon}} + \frac{\partial \ell}{\partial \sigma_B^2} \cdot \frac{2(z_i - \mu_B)}{m} + \frac{\partial \ell}{\partial \mu_B} \cdot \frac{1}{m}
\tag{3-16}
$$

式（3-17）表示 BN 层与高斯分布有关的超参数梯度：

$$
\begin{cases}
\dfrac{\partial \ell}{\partial \gamma} = \sum_{i=1}^{m} \dfrac{\partial \ell}{\partial y_i} \cdot \hat{z}_i \\[3mm]
\dfrac{\partial \ell}{\partial \beta} = \sum_{i=1}^{m} \dfrac{\partial \ell}{\partial y_i}
\end{cases}
\tag{3-17}
$$

由于识别过程中无法直接获得测试样本的均值和方差，BN 层使用训练过程中各批量的均值 $E[x]$ 和方差 $\mathrm{Var}[x]$ 的无偏估计，参数设置如下：

$$
\begin{cases}
E[x] = E_B[\mu_B] \\[2mm]
\mathrm{Var}[x] = \dfrac{m}{m-1} [\sigma_B^2]
\end{cases}
\tag{3-18}
$$

高斯分布超参数设置如下：

$$\begin{cases} \gamma' = \dfrac{\gamma}{\sqrt{\mathrm{Var}[x] + \varepsilon}} \\ \beta' = \beta - \dfrac{\gamma \cdot E[x]}{\sqrt{\mathrm{Var}[x] + \varepsilon}} \end{cases} \tag{3-19}$$

测试样本更新公式如下：

$$y = \gamma' \cdot z_i + \beta' \tag{3-20}$$

Adam 梯度优化算法结合了动量法和均方根传播算法（RMSProp），优化了随机梯度算法在局部极值附近的摆动幅度较大和优化速度较慢的问题。

Adam 梯度下降过程中动量法和均方根传播算法中权重和偏差初始值均设为 0。v_{dw} 和 v_{db} 表示动量法中权重和偏差一阶矩指数加权平均数，s_{dw} 和 s_{db} 表示均方根传播算法中权重和偏差二阶矩指数加权平均数。初始化方法如下：

$$\begin{cases} v_{dw} = 0, \quad v_{db} = 0 \\ s_{dw} = 0, \quad s_{db} = 0 \end{cases} \tag{3-21}$$

Adam 梯度下降过程中动量法中的 v_{dw} 和 v_{db} 参数更新公式如下：

$$\begin{cases} v_{dw} = \beta_1 v_{dw} + (1 - \beta_1)\mathrm{d}W \\ v_{db} = \beta_1 v_{db} + (1 - \beta_1)\mathrm{d}b \end{cases} \tag{3-22}$$

式中，β_1 表示一阶矩累加的指数。

Adam 梯度下降过程中均方根传播算法中的 s_{dw} 和 s_{db} 参数更新公式如下：

$$\begin{cases} s_{dw} = \beta_2 v_{dw} + (1 - \beta_2)\mathrm{d}W^2 \\ s_{db} = \beta_2 s_{db} + (1 - \beta_1)\mathrm{d}b^2 \end{cases} \tag{3-23}$$

式中，β_2 表示二阶矩累加的指数。

Adam 梯度优化算法的权重 W 和 b 更新公式如下：

$$\begin{cases} W = W - \alpha \dfrac{v_{dw}}{\sqrt{s_{dw} + \varepsilon}} \\ b = b - \alpha \dfrac{v_{db}}{\sqrt{s_{db} + \varepsilon}} \end{cases} \tag{3-24}$$

式中，α 表示学习率。

3.5.2　输入信号的前处理

卷积神经网络在水中目标识别领域得以应用的一个重要特点是该模型允许直接输入时域信号。这就为该方法的进一步改进提供了很多空间，例如，利用小波变换、经验模态分解或 Hilbert-Huang[6]等各种时频变换方法对原始信号进行处理后再作为 CNN 的输入。

这里以小波变换为例，主要目标是抑制信号中噪声的影响。

小波分析与加固定窗的短时傅里叶分析方法不同，可以用不同形状的窗函数（小波基函数）分析处理信号，从而实现低频处获取较高的频率分辨率、高频处获取较高的时间分辨率。

小波基函数定义为

$$\begin{cases} W_f(x,y) = \left| \dfrac{1}{\sqrt{x}} \right| \displaystyle\int_{-\infty}^{+\infty} f(t)\varphi\left(\dfrac{t-y}{x}\right)\mathrm{d}t \\ \varphi_{x,y}(t) = \left| \dfrac{1}{\sqrt{x}} \right| \varphi\left(\dfrac{t-y}{x}\right) \end{cases} \tag{3-25}$$

式中，$\varphi(t)$ 为基小波或者母小波函数。经过尺度因子 x 和平移因子 y 变换后的 $\varphi_{x,y}(t)$ 统称为小波。

对于离散情况：

$$\varphi_{j,k}(t) = 2^{-j/2}\varphi(2^{-j/t} - k), \quad j,k \in \mathbb{Z} \tag{3-26}$$

采用离散小波变换（discrete wavelet transform，DWT）[7, 8]表示分解原始时域波形信号，得到原始信号的近似（低频）成分和细节（高频）成分。小波分解表示将原始信号经过 DWT 后的低频成分再进行 DWT，循环次数由分解层数决定。

多层小波分解预处理后，将每层小波系数拼接作为 CNN 网络的输入。由此得到的算法简写为 WAVEDEC_CNN，其原理图如图 3-20 所示。

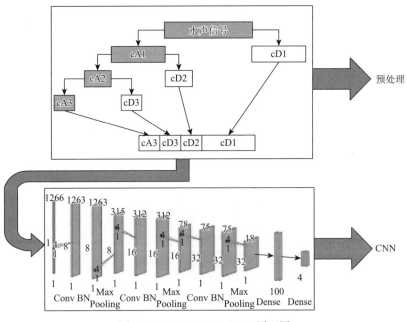

图 3-20　WAVEDEC_CNN 原理图

图 3-20 上半部分表示以 3 层小波分解为例,对时域信号进行预处理。其中,cA1、cA2 和 cA3 表示每层分解的低频近似信息;cD1、cD2 和 cD3 表示每层分解的高频细节信息。下半部分表示卷积神经网络模型,每层数字表示该层尺寸,相邻层连接线的数字表示滤波器尺寸。

$$\text{pre\_wavedec} = [cA3, cD3, cD2, cD1] \tag{3-27}$$

小波分解重构误差由下面公式给出:

$$err = norm2\left(data - \sum_{i=0}^{N} datarec_i\right) \tag{3-28}$$

式中,data 表示分解前的原始信号;norm2 表示求向量的 2 范数;$datarec_i$ 表示每层小波系数重构的时域信号。

最后在改进的卷积神经网络训练阶段,联合优化交叉熵损失函数 J,如式(3-29)所示:

$$J = -1/N \cdot \sum_{i=1}^{N} y^{(i)} \cdot \ln(f_{net}(x_{wdec}^{(i)})) \tag{3-29}$$

式中,$y^{(i)}$ 表示第 i 类真实标签;$x_{wdec}^{(i)}$ 表示经过离散小波变换预处理的输入样本;$f_{net}(\cdot)$ 表示本章改进的卷积神经网络。

为检验前述改进方法的分类识别效果,进行相应的测试实验。其中,前处理方法选取了小波分解和经验模态分解两种方法进行对比。数据集来自某水库通过湖试获取 4 个水面目标的噪声数据。4 个水面目标分别是 1 艘铁皮船和 3 艘快艇。湖中布放 2 个 8 元线列阵,采样频率为 48kHz。每个目标绕行 2 个阵列 3 圈,从每圈截取 21 段(每段 10s)的数据,共 4×3×21×10 = 2520s。每圈取 14 段作为训练集,剩余 7 段作为测试集。将每段信号按 0.1s 分帧,每帧为一个样本,因此,训练集样本总数为 16800,测试集样本总数为 8400。

超参数设置:学习率 0.01;每次实验训练 30 轮,每轮采用批量梯度下降算法求梯度,每个批量为 100。重复实验 50 次,每次实验都随机初始化权重。梯度优化算法为 Adam 算法,一阶矩估计的指数衰减率为 0.9;二阶矩估计的指数衰减率为 0.999。L2 正则化项为 $1×10^{-4}$。CNN 隐藏层设置三个卷积层、一个池化层和一个全连接层。卷积层滤波器为 1×4,步长为 1。滤波器数目分别为 16、32 和 64。池化层为 1×4,采用最大池化,步长为 4。

图 3-21 和图 3-22 为实验结果。其中图 3-21 表示重复实验 50 次,每次的识别结果。图 3-22 表示从湖试数据截取的 84 段声音文件的识别结果。表 3-6 是实验结果和运行时间,包括从湖试数据中截取信号构建样本集用的时间和用卷积神经网络进行训练和识别的时间。

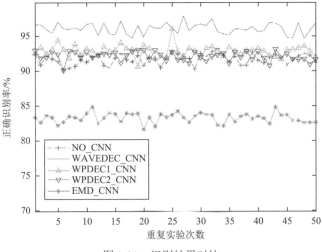

图 3-21　识别结果对比

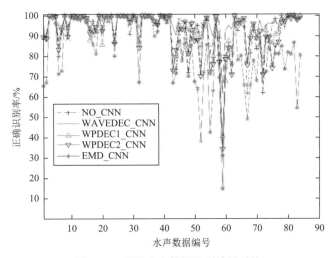

图 3-22　不同水声数据识别结果对比

表 3-6　实验结果和运行时间

方法	正确识别率/%	分解层数	运行时间/s
MFCC_SVM	80.69	—	2.67+252.34
NO_CNN	91.66±0.75	—	12.63+4868.31
WAVEDEC_CNN	**96.07±0.78**	10	**42.12+4817.98**
WPDEC1_CNN	92.84±0.83	10	4992.50+34048.92
WPDEC2_CNN	92.09±0.67	4	197.48+4773.64
EMD_CNN	83.26±0.69	10	364.19+5222.99

结合图 3-21 和表 3-6 可以看出，WAVEDEC_CNN 方法识别效果最优。该方法正确识别率比 NO_CNN、MFCC_SVM 分别提升了 4.41% 和 12.81%。虽然小波分解预处理耗费了一定时间，但是总的运行时间反而略短。

与 WAVEDEC_CNN 对比，虽然 WPDEC_CNN 的频带划分更为精细，但是相同的分解层数条件下，执行 DWT 的次数远高于小波分解。以本章分解层数 $N = 10$ 为例，小波分解执行了 10 次 DWT 运算，WPDEC1_CNN 执行了 $2^{10} - 1 = 1023$ 次 DWT 运算，导致构建样本集时 WPDEC1_CNN 方法花费了大量的时间，从表 3-6 可得大约为 WAVEDEC_CNN 方法的 118.5 倍。同时 WPDEC1_CNN 方法表示的信号维度较大，导致用 CNN 进行训练时花费了大量时间，约为 WAVEDEC_CNN 方法的 6.99 倍，大约需要 9.46h！这是叠加前处理方法所带来的代价。

同时可以看出，EMD_CNN 方法识别效果最差。虽然经验模态分解后的残余信号分量较少，重构误差也较低，但是 EMD_CNN 方法没有明确的基函数，分解过程存在模态混叠效应。表现为：对于不同的样本，其每阶模态表示的信号瞬时频率的频带范围可能不一样，导致识别结果最差。

参 考 文 献

[1]　LeCun Y，Bengio Y. Convolutional Networks for Images，Speech，and Time Series[M]//The Handbook of Brain Theory and Neural Networks. Cambridge：MIT Press，1998.

[2]　Gu J，Wang Z，Kuen J，et al. Recent advances in convolutional neural networks[J]. Pattern Recognition，2018，77：354-377.

[3]　Tzelepi M，Tefas A. Discriminant analysis regularization in lightweight deep CNN models[C]. 2019 IEEE International Conference on Image Processing（ICIP），Taibei，2019：3841-3845.

[4]　Zhao K，Kang J，Jung J，et al. Building extraction from satellite images using mask R-CNN with building boundary regularization[C]. 2018 IEEE/CVF Conference on Computer Vision and Pattern Recognition Workshops（CVPRW），Salt Lake City，2018：242-244.

[5]　LeCun Y，Bottou L，Orr G，et al. Efficient Backprop[M]//Neural Networks：Tricks of the Trade. Berlin：Springer，1998.

[6]　Yu W，Xie K，Yu H，et al. Hilbert-Huang transformation of large seismic data based on GPU[C]. 2011 International Conference on Intelligence Science and Information Engineering，Wuhan，2011：249-252.

[7]　Wei Z，Rao R M. A discrete-time wavelet transform based on a continuous dilation framework[C]. 1999 IEEE International Conference on Acoustics，Speech，and Signal Processing，Phoenix，1999：1201-1204.

[8]　Zhang X W，Xu Y X，Xing J. Denosing and smoothing for oil well data base on discrete stationary wavelet transform[C]. 2007 International Conference on Wavelet Analysis and Pattern Recognition，Beijing，2007：1808-1811.

第4章　基于循环神经网络的水中目标分类识别

4.1　几种改进 RNN 的性能对比

第 2 章已分别介绍了 CNN 和 RNN 的基本原理，本章尝试将二者结合，采用双层 CNN，分别与 RNN 中的 GRU 和 LSTM 串联组合，构建的模型分别记为 CNN-GRU、CNN-LSTM，并与现有传统 MFCC-SVM 模型进行比较。

为了更好地考察几种方法的性能，这里采用课题组实测湖试数据（数据量较大、工况考虑较全面），对四种模型特别是 CNN-LSTM 和 CNN-GRU 两类序列模型进行更加深入的分析。

测试数据为作者所在课题组 2018 年 9 月在某水库进行湖试获取的实验数据。目标噪声数据分为四类，分别是四种不同类型船只航行时的辐射噪声。如图 4-1 所示，四艘目标船分别记为铁皮船 1、快艇 2（曙航号）、快艇 3（国泰号）和快艇 4（新世纪号）。

(a) 铁皮船1

(b) 快艇2（曙航号）

(c) 快艇3（国泰号）

(d) 快艇4（新世纪号）

图 4-1　四艘目标船只

每类目标截取 20min 数据，采样频率为 48kHz。图 4-2 显示了每类船只 2s 的时频图，由加粗虚线间隔开，从左到右依次为铁皮船 1、快艇 2、快艇 3 和快艇 4，可以看出四类目标船只的辐射噪声频率较为集中，有一定的相似度。

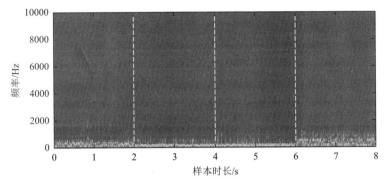

图 4-2　四类船只的时频特性（彩图附书后）

对比实验中，每类船只样本时长为 1000s，采样频率为 48kHz，数据包含了船只的直行期和转弯期。将每 1s 作为一个数据，每类数据随机选取 750s 作为训练集，250s 作为验证集进行实验。

图 4-3 为双层 CNN 模型的识别结果，模型中，卷积核尺寸为 1×3，卷积核深度为(16, 32)，学习率取 0.01，池化方式为平方和池化。

图 4-4 为 CNN-LSTM 模型的识别结果，其中双层 CNN 网络的参数与前面一致，LSTM 中遗忘门使用 Sigmoid 函数作为激活函数，输入门使用 Sigmoid 和 Tanh 函数作为激活函数，输出门则使用 Tanh 函数作为激活函数。

图 4-5 为 CNN-GRU 模型的识别结果，其中双层 CNN 网络的参数与前面一致，GRU 中更新门和重置门都使用 Sigmoid 函数作为激活函数。

图 4-6 为 MFCC 特征和 SVM 分类器组合后的识别结果，分别考虑了 SVM 高

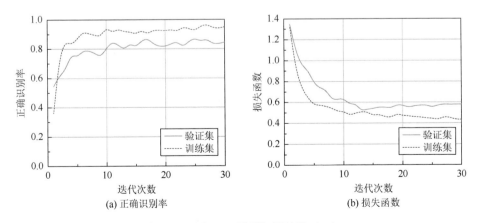

图 4-3　双层 CNN 模型识别结果（一）

斯核函数 Gamma 参数在 0～1、步长为 0.01，以及 Gamma 参数在 0～5、步长为 0.1 两种情况。

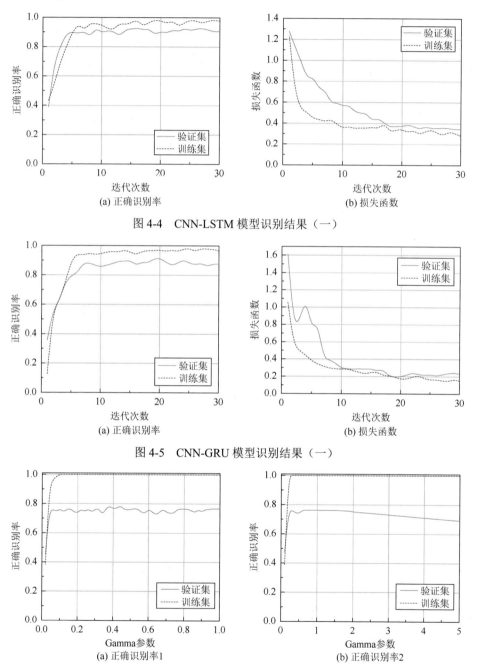

(a) 正确识别率 　　　　　　　　　　 (b) 损失函数

图 4-4　CNN-LSTM 模型识别结果（一）

(a) 正确识别率 　　　　　　　　　　 (b) 损失函数

图 4-5　CNN-GRU 模型识别结果（一）

(a) 正确识别率1 　　　　　　　　　　 (b) 正确识别率2

图 4-6　传统模型识别结果（一）

从图 4-3~图 4-6 和表 4-1 中可以看出以下几个方面。

（1）双层 CNN 模型的验证集正确识别率在 0.82 左右，CNN-LSTM 模型的验证集正确识别率在 0.87 左右，CNN-GRU 模型的验证集正确识别率在 0.82 左右，而传统 MFCC-SVM 模型的验证集正确识别率最低，在 0.78 左右，由此表明了深度学习的方法在水下信号识别中的性能是要优于传统的识别方法的。而在深度学习的范围内，CNN-RNN 模型又比双层 CNN 模型的表现要优越，尤其是 CNN-LSTM 模型的正确识别率显著高于传统模型的正确识别率，性能最为优越。

（2）双层 CNN 模型、CNN-LSTM 模型和 CNN-GRU 模型的训练集和验证集的正确识别率在数次迭代后可以保持在一个较稳定的值，而反观传统 MFCC-SVM 模型，在 Gamma 参数继续增加时，虽然训练集的正确识别率已经达到了 1，但是验证集的正确识别率却在达到最大值 0.78 之后反而有所下降，这说明了随着 Gamma 参数的增大，模型最终达到了过拟合的状态。

表 4-1　四种模型的正确识别率（一）

模型类型	正确识别率
双层 CNN	0.8231
CNN-LSTM	0.8742
CNN-GRU	0.8189
MFCC-SVM	0.7848

4.2　不同工况条件下的模型性能分析

4.2.1　直行-转弯工况模型鲁棒性检验

船只在航行过程中，存在着直行和转弯的阶段，直行过程中，船速较快，船只的辐射噪声较大；而在转弯过程中，发动机功率减小甚至关闭，船速变慢，辐射噪声较小，因此针对不同的航行阶段对模型的鲁棒性提出了更高的要求。

图 4-7 截取了 1.8min 快艇 2 直行阶段的时频图和功率谱图，可以看出，船只辐射噪声集中在 1kHz 以下的低频部分。而 1~8kHz 部分也有少量的噪声存在，这是由于船只在航行的过程附近有其他水下实验在同时进行或者船只的螺旋桨高速转动时产生的空泡噪声引起的。

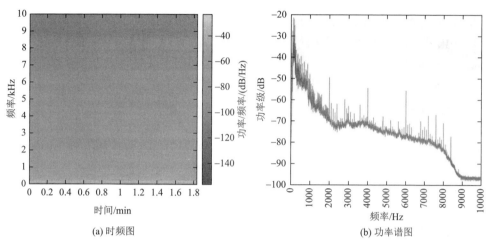

(a) 时频图　　　　　　　　　　　　　　　(b) 功率谱图

图 4-7　快艇 2 直行阶段的时频图和功率谱图（彩图附书后）

图 4-8 对快艇 2 在第二圈航行阶段含有转弯的部分进行了 STFT，从图中可以看出，在颜色较深竖条区间内船只处于转弯阶段，此时船只的速度迅速减小，因此空化现象减弱，调制谱消失。

图 4-8　快艇 2 转弯阶段的时频图（彩图附书后）

分别截取四艘船只直行阶段和转弯阶段的数据，其中每艘船只直行阶段截取 500s，转弯阶段截取 100s，将每 1s 作为一个数据，直行阶段数据作为训练集，转弯阶段数据作为验证集，总共得到训练集数据样本 2000 个，验证集数据样本 400 个进行实验。图 4-9～图 4-12 是四种网络模型的识别结果。

由图 4-9～图 4-12 及表 4-2 可以看出以下几个方面。

（1）针对船只直行-转弯阶段工况，双层 CNN 模型的验证集正确识别率为 0.6125，CNN-LSTM 模型的验证集正确识别率为 0.7463，CNN-GRU 模型的验证集正确识别率为 0.7122，传统 MFCC-SVM 模型的验证集正确识别率为 0.5100。

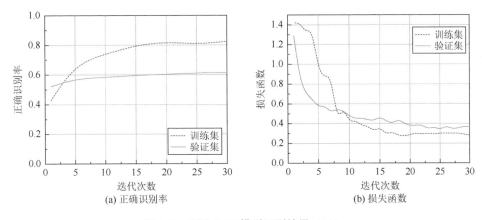

(a) 正确识别率　　　　　　　　　　(b) 损失函数

图 4-9　双层 CNN 模型识别结果（二）

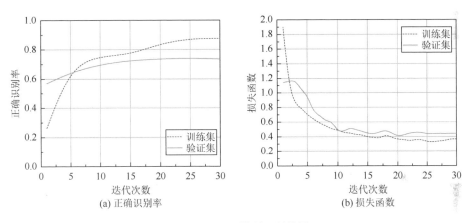

(a) 正确识别率　　　　　　　　　　(b) 损失函数

图 4-10　CNN-LSTM 模型识别结果（二）

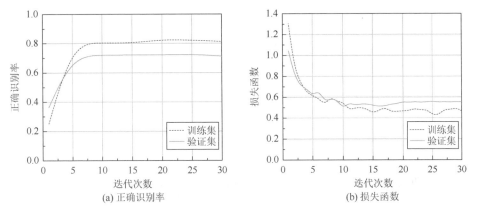

(a) 正确识别率　　　　　　　　　　(b) 损失函数

图 4-11　CNN-GRU 模型识别结果（二）

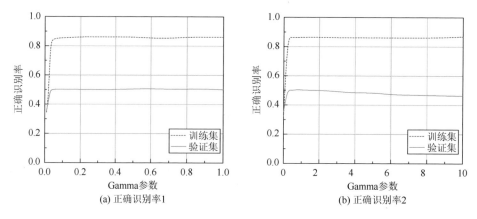

图 4-12　传统模型识别结果（二）

（2）尽管四种模型的目标正确识别率都没有达到 80%，但深度学习的正确识别率比传统方法正确识别率有较大的提升，尤其是 CNN-LSTM 模型的正确识别率相比于传统模型的正确识别率提升比例达 46% 左右。

（3）传统模型在 SVM 高斯核函数 Gamma 参数取 0.03 左右正确识别率达到最高，而在 Gamma 参数不断增大的时候正确识别率反而降低，说明 Gamma 参数过大时网络会不可避免地达到过拟合的状态，这与 4.1 节的结论一致。

表 4-2　四种模型的正确识别率（二）

模型类型	正确识别率
双层 CNN	0.6125
CNN-LSTM	0.7463
CNN-GRU	0.7122
MFCC-SVM	0.5100

4.2.2　不同航行圈次工况模型鲁棒性检验

实验中每艘船只绕阵航行三圈，航行的轨迹和经纬度由软件"六只脚"记录，图 4-13 给出了快艇 3 的航行轨迹图。

航行期间的风浪变化以及其他不可控因素，导致每一圈的航行轨迹、船速、航行时间都有较大的偏差，因此每一圈的工况条件也有所不同。针对这种情况，使用四种模型对不同圈次的航行数据进行分类识别。

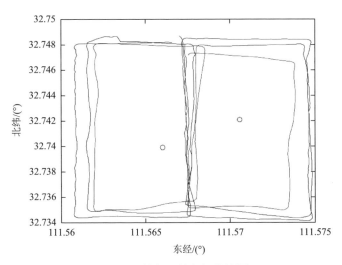

图 4-13　快艇 3 的航行轨迹图

将每艘船只第一圈的航行数据截取 600s，第二圈航行数据截取 100s，每 1s 作为一个数据，第一圈的数据作为训练集，第二圈的数据作为验证集，那么共得到训练集数据 2400 个，验证集数据 400 个进行实验，结果如图 4-14～图 4-17 所示。

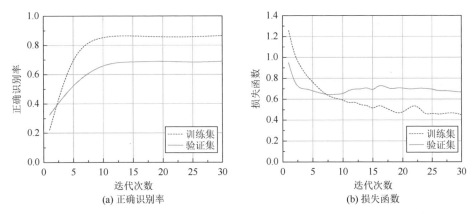

(a) 正确识别率　　　　　　　　　　　　　　　(b) 损失函数

图 4-14　双层 CNN 模型识别结果（三）

由图 4-14～图 4-17 和表 4-3 可知，针对将不同圈次的数据分别作为训练集、验证集进行实验的结果，双层 CNN 的验证集正确识别率为 0.6645，CNN-LSTM 模型的验证集正确识别率为 0.7710，CNN-GRU 模型的验证集正确识别率为 0.7536，传统 MFCC-SVM 模型的验证集正确识别率为 0.6000。

总体来说，针对不同圈次的数据识别结果比针对船只直行-转弯阶段的数据识别结果更好，这是由于虽然船只的航行时间不同，但大致的航行速度、轨迹偏差不大，故产生的辐射噪声并无较大差异。

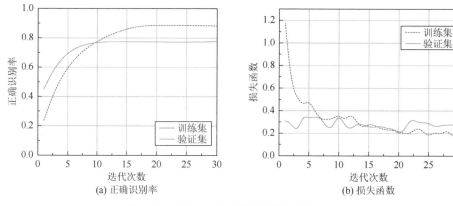

图 4-15 CNN-LSTM 模型识别结果（三）

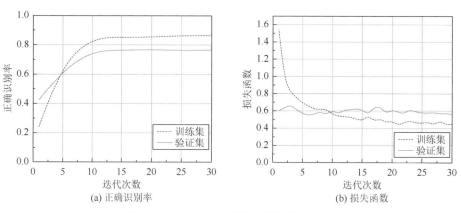

图 4-16 CNN-GRU 模型识别结果（三）

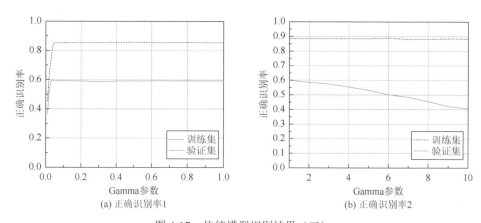

图 4-17 传统模型识别结果（三）

深度学习方法的正确识别率比传统方法的正确识别率有较大的提升，其中

CNN-LSTM 的性能最为优越，CNN-GRU 的性能次之，与 CNN-LSTM 模型的正确识别率相接近，都比双层 CNN 模型的正确识别率高，其中，CNN-LSTM 模型的正确识别率比传统模型正确识别率提升比例达 28.5%。

表 4-3　四种模型的正确识别率（三）

模型类型	正确识别率
双层 CNN	0.6645
CNN-LSTM	0.7710
CNN-GRU	0.7536
MFCC-SVM	0.6000

本节从不同工况条件的情况进行分析，考虑了船只在不同圈次航行时产生的辐射噪声有所差异，用船只航行的第一圈数据作为训练集，第二圈数据作为验证集，证明了在不同圈次的工况条件下，深度学习的方法要比传统模型有着更强的鲁棒性，同时也证明了将 CNN 与 RNN 尤其是与 LSTM 结合比单纯的双层 CNN 模型更能够适应多变的工况环境。

4.3　噪声失配对模型性能的影响

在实际的水声测量中，数据集噪声失配的现象非常普遍，已经拥有的数据和待测的数据往往存在着较大的差异，能否在噪声失配的情况下对水下目标进行有效的识别是检验一种水声目标识别方法优劣的重要标准。本节将从训练集失配和验证集失配两方面对模型进行检验，方法分别是对训练集加噪和对验证集加噪，其目的是模拟以下两种情况：①在已经拥有的数据集质量较差时，模型能否对待测的数据集进行有效的识别；②在已经拥有的数据集的质量较高时，模型能否对质量较差的新数据集进行有效的识别。从以上两方面出发，以此验证模型在噪声适配条件下的鲁棒性。

实验中给数据集加噪声的大小以信噪比的形式给出，信噪比（signal to noise ratio，SNR）是有用信号功率与噪声功率的比值，单位为分贝（dB），公式如下：

$$\mathrm{SNR} = 10\lg\left(\frac{P_s}{P_t}\right) \tag{4-1}$$

式中，P_s 表示信号功率；P_t 表示噪声功率。

实验中加噪声后的信噪比范围为 $-20\sim20\mathrm{dB}$，步长为 5dB，实验结果如图 4-18~图 4-21 所示。

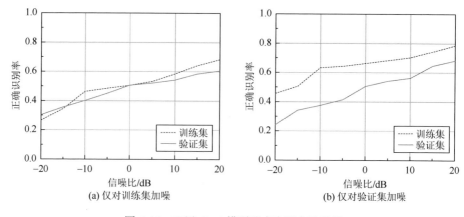

图 4-18 　双层 CNN 模型噪声失配实验结果

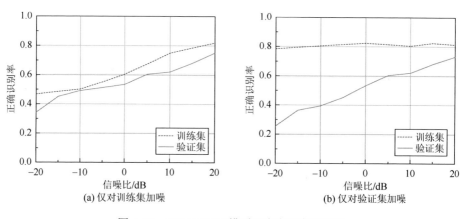

图 4-19 　CNN-LSTM 模型噪声失配实验结果

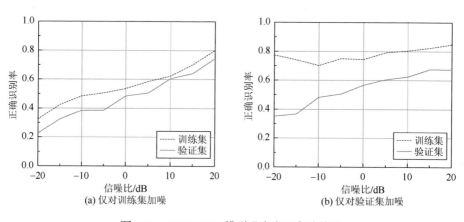

图 4-20 　CNN-GRU 模型噪声失配实验结果

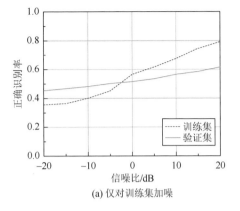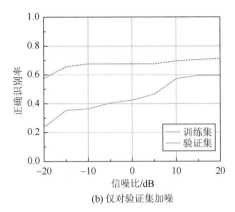

(a) 仅对训练集加噪　　　　　　　　　　(b) 仅对验证集加噪

图 4-21　传统模型噪声失配实验结果

从图 4-18~图 4-21 和表 4-4 可以看出，当仅对训练集加噪时，训练集和验证集的正确识别率均随信噪比的增加而增加，当仅对验证集加噪时，训练集的正确识别率大体在一个较高水平波动，而验证集的正确识别率随着信噪比的增加而增加。

表 4-4　四种模型的正确识别率（四）

模型类型	正确识别率（训练集加噪）	正确识别率（验证集加噪）
双层 CNN	0.6015	0.6874
CNN-LSTM	0.7426	0.7341
CNN-GRU	0.7467	0.6810
MFCC-SVM	0.6032	0.6040

总体来说，信噪比越小，模型的正确识别率越低，信噪比越大，模型的正确识别率越高，说明噪声失配对模型的识别性能有较大的影响。

传统模型的验证集正确识别率在 0.2~0.6 范围波动，对比 4.1 节传统模型 0.78 的正确识别率来说，加噪对传统模型识别性能的影响很大。

双层 CNN 模型的正确识别率在 0.23~0.65 范围波动，CNN-LSTM 模型的验证集正确识别率在 0.23~0.74 范围波动，CNN-GRU 模型的验证集正确识别率在 0.22~0.74 范围波动，对比 4.1 节三种深度学习模型 0.82、0.87、0.81 的正确识别率，加噪对三种模型的识别性能影响也较大，但总体识别性能仍然优于传统模型，其中在仅对训练集加噪的情况下，CNN-LSTM 模型的正确识别率相比于传统模型提高的比例达 23.1%，在仅对验证集加噪的情况下，CNN-LSTM 模型的正确识别率相比于传统模型提高的比例达 21.5%，这说明了深度学习模型在噪声失配的情况下拥有较强的鲁棒性。

4.4　多尺度稀疏 SRU 模型

4.4.1　简单循环单元

常规的 RNN 网络是串行结构[1]，当前层的计算必须等到上一层完全执行完毕后才可以开始，严重限制了网络的运算速度。为了解决这一问题，研究人员提出了一种具有并行计算能力和序列建模能力的简单循环单元（simple recurrent unit，SRU）[2]网络。

单层 SRU 的计算如下：

$$f_t = \sigma(W_f X_t + v_f \cdot h_{t-1} + b_f) \qquad (4\text{-}2)$$

$$r_t = s(W_r X_t + v_r \cdot h_{t-1} + b_r) \qquad (4\text{-}3)$$

$$\tilde{h}_t = f_t \cdot h_{t-1} + (1 - f_t) \cdot (W X_t) \qquad (4\text{-}4)$$

$$h_t = r_t \cdot g(\tilde{h}_t) + (1 - r_t) \cdot X_t \qquad (4\text{-}5)$$

式中，W_f、W_r 和 W 为参数矩阵；v_f、v_r、b_f 和 b_r 为训练中需要学习的参数向量。式（4-2）和式（4-3）分别定义了 t 时刻的遗忘门 f_t 和重置门 r_t。式（4-4）定义了 t 时刻的候选隐含状态 $\tilde{h}_t$。式（4-5）定义了 t 时刻最终的隐含状态 h_t，其中 $(1 - r_t) \cdot X_t$ 是一个跳跃连接，用到公路网（highway network）的思想[3]，有效地解决了深层网络在梯度训练中产生的梯度消散问题。激活函数 g 是 ReLU 或者 Tanh 函数。

SRU 能够并行运算的关键在于前一时刻隐含状态 h_{t-1} 的使用方式。在 GRU 网络中，h_{t-1} 与参数矩阵相乘来计算 2 个门控的隐含状态，门控状态的每个维数都依赖于 h_{t-1} 的所有项，而计算必须等到 h_{t-1} 完全完成后才能进行。SRU 网络为了便于并行计算，式（4-2）和式（4-3）使用 $v_f \cdot h_{t-1}$、$v_r \cdot h_{t-1}$ 这种点乘的方式代替矩阵相乘，通过这种简化，隐含状态的每个维数都变得独立，因此 SRU 网络中大部分计算是可并行的。这种并行结构提高了 SRU 计算速度。

4.4.2　多尺度稀疏 SRU 分类模型

深度网络通过多层隐藏层学习输入数据的特征表达，不同隐藏层学习到的特征是不同的，这些特征可以被认为是输入数据不同的特征表达形式。网络底层获取低层次特征，顶层学习高层次特征。低层次的特征能反映数据的局部特性，高层次的特征则具有抽象性和不变性。受到 CNN 模型 Inception[4]的启发，网络不是单纯地通过增加模型的深度和隐含节点数来提高网络的表达能力，而是可以通过一种非均匀的稀疏结构来实现多尺度的特征表达。

这种多尺度的特征表达也可以应用于 RNN 网络中。SRU 作为一种可并行的 RNN，同时具备了时间序列建模能力和计算成本低的优点。本节将多尺度的特征表达应用在 SRU 中，提出了一种多尺度稀疏 SRU 分类模型，利用不同层 SRU 学习到的不同特征表达，对输入数据多尺度的特征进行融合，将融合后的特征组合作为分类器（模型顶层）的特征输入，完成多类目标的分类识别任务。

多尺度稀疏 SRU 分类模型框架结构如图 4-22 所示。模型由输入层、4 个 SRU 块（图中虚线框内）、多特征层（特征融合层）和 1 个全连接层构成。其中，每个 SRU 块都由一个 SRU 和一个 Layer Normalization 层构成。Layer Normalization 层多用于 RNN 网络中，在通道方向上对目标输入进行归一化操作，保证数据在通道方向上分布一致。同时，每个 SRU 块在模型输入和多特征层间添加跳跃连接[5]，构成了网络的局部构造。跳跃连接多应用于较深的网络结构中，比深度模型直接学习输入和输出之间的映射更容易收敛，同时解决了 SRU 在训练过程中的梯度消散问题。4 个 SRU 块中的 SRU 分别为 1 层、2 层、3 层和 4 层；隐含节点数分别为 16、32、64 和 256。每个 SRU 块内部结构都是全连接的且非稀疏的，4 个 SRU 块之间则是稀疏连接的。可以将 4 个 SRU 块理解为稀疏连接的滤波器组，将 4 个滤波器组连接成一个单一的输出向量，形成下一阶段的输入，即将 4 个 SRU 块的输出合并构成多特征层，多特征层包含不同层 SRU 学习到的特征表达。Batch Normalization 操作应用于多特征层之后，通过对数据批次归一化，加快网络收敛速度，同时防止网络的梯度消失和梯度爆炸。模型顶层连接一层全连接层。全连接层不激活，直接作为判别层输出各类水声目标样本的实际输出（概率）。

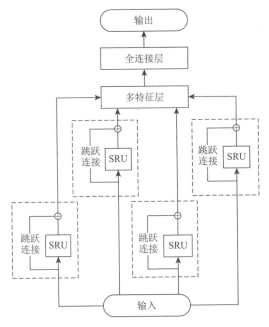

图 4-22　多尺度稀疏 SRU 分类模型

4.4.3　实验结果及分析

实验基于实际海域测试得到的 3 类水声目标（舰船、商船及某水下目标）数据，采样频率均为 8kHz。每类水声目标数据包含 15 个片段，每个片段的声音长度截取 5s。首先对水声目标数据进行预处理。对每段目标数据分帧，每帧长为 100ms，帧移为 0，即每 0.1s 的目标数据为一个样本，总计 3 类目标有 2250 个样本。目标数据被严格地划分为训练集、验证集和测试集。使用总样本的 3/5 作为训练，1/5 作为验证，1/5 作为测试。再将 3 类目标的训练数据和验证数据进行标准化处理（零均值化同时方差归一化），提取它们时域波形作为网络模型的输入，构建时间序列网络模型。测试时，为了构建噪声失配条件，分别给 3 类目标测试数据加带限白噪声，生成 SNR 分别为 –20dB、–15dB、–10dB、–5dB、0dB、5dB、10dB、15dB 和 20dB 的测试数据，再对测试数据进行标准化处理。

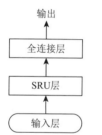

图 4-23　多层 SRU 模型

选取 3 种模型与提出的多尺度稀疏模型进行对比：①多尺度稀疏 SRU 分类模型（未加跳跃连接）；②多层 SRU 模型；③多层 CNN 模型。其中模型②和③的架构和参数设置在下面分别进行介绍。

图 4-23 是多层 SRU 模型架构，由输入层、4 层堆叠 SRU 层和 2 个全连接层构成。模型中，4 层堆叠 SRU 的隐含节点数设为 256，每层 SRU 后都添加了 dropout 层防止网络过拟合，dropout 取值为 0.1。第 1 个全连接层使用 ReLU 作为激活函数，激活前使用 Batch Normalization 操作对输入数据进行批量归一化。第 2 个全连接层不激活，直接作为判别层输出各类水声目标样本的实际输出（概率）。

图 4-24 是多层 CNN 模型架构，由输入层、3 个一维卷积层、3 个一维池化层和 2 个全连接层构成。模型中，每层卷积层进行 ReLU 激活，激活前都执行 Batch Normalization 操作，后加一维池化层来降低数据的空间尺寸。3 个一维卷积层卷积核的数量分别为 32、64 和 128，一维池化层的大小为 3。第 1 个全连接层使用 ReLU 作为激活函数，激活前使用 Batch Normalization 操作对输入数据进行批量归一化，激活后添加 dropout 层防止网络过拟合，dropout 取值为 0.5。第 2 个全连接层不激活，直接作为判别层输出各类水声目标样本的实际输出（概率）。

图 4-24　多层 CNN 模型

完成模型构建后，需要对模型进行训练（训练过程包括验证）和测试。其中，训练过程的评价指标是损失（loss）和正确识别率（accuracy），测试过程的指标是 F_1 值。

网络模型中损失函数是用来表示网络模型的实际输出（概率）和期望输出（概率）之间的差异（误差）。网络模型在训练过程中，首先进行前向传播计算实际输出（概率），再通过反向梯度传播算法更新网络参数，降低损失函数的损失值来不断减小误差，使模型的实际输出（概率）越来越接近期望输出（概率）。因此网络训练过程中计算获得的损失值越小，网络模型的识别性能越好。4 种网络模型的训练均采用稀疏分类交叉熵损失函数来计算损失，采用自适应力矩估计（Adam）算法优化梯度，学习率为 0.001。正确识别率是正确分类的水声目标占所有水声目标的百分比。

对训练好的网络模型进行测试时，使用 F_1 值对网络模型进行误差度量。

$$P = \frac{\text{TP}}{\text{TP} + \text{FP}} \tag{4-6}$$

$$R = \frac{\text{TP}}{\text{TP} + \text{FN}} \tag{4-7}$$

$$F_1 = 2\frac{PR}{P + R} \tag{4-8}$$

式中，TP 为预测是目标 $i(i = 1, 2, 3)$ 实际也是目标 i 的个数；FN 为预测不是目标 i 实际是目标 i 的个数；FP 为预测是目标 i 实际不是目标 i 的个数；P 为查准率（所有预测是目标 i 的目标中，实际是目标 i 的比例）；R 为召回率（所有实际为目标 i 的目标中，成功预测为目标 i 的比例）；F_1 值可以看作 P 和 R 的加权平均值。本节使用 F_1 值评价不同算法的优劣。F_1 值越高，算法性能越好。

4 种模型的输入都是不添加额外噪声的水声目标时域波形。模型的训练和验证都在图形处理单元（graphics processing unit，GPU）上进行，使用 cuDNN 来加快模型的训练速度。图 4-25～图 4-28 分别是 4 种模型损失和正确识别率随训练次数的变化曲线。表 4-5 是 4 种模型的验证结果和每次训练花费时间。

从图 4-25～图 4-28 的图（a）中可以看出，随着训练次数的增加，模型损失均收敛。其中多层 CNN 模型的训练损失波动较大，可能会影响网络的稳健性。从图 4-25～图 4-28 的图（b）中可以看出，随着训练次数的增加，训练集和验证集的正确识别率都趋于稳定。其中，多尺度稀疏 SRU 分类模型训练到第 4 次时模型参数已达到最优，获得了验证集最优正确识别率。与之相比，未加跳跃连接的多尺度稀疏 SRU 分类模型训练到第 21 次时获得了验证集最优正确识别率，因此添加跳跃连接使得模型收敛加快，减少模型训练时间。

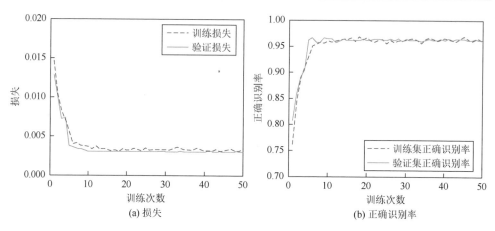

图 4-25 多尺度稀疏 SRU 分类模型损失和正确识别率随训练次数的变化曲线

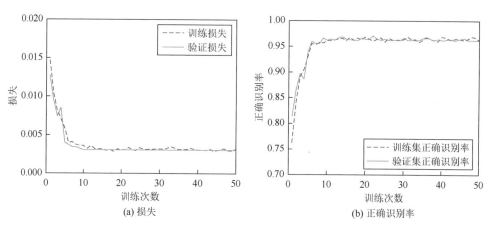

图 4-26 多尺度稀疏 SRU 分类模型（未加跳跃连接）损失和正确识别率随训练次数的变化曲线

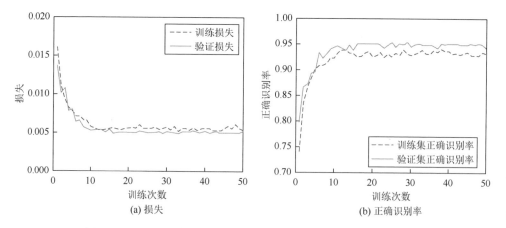

图 4-27 多层 SRU 模型损失和正确识别率随训练次数的变化曲线

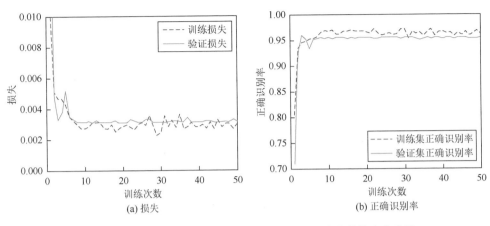

图 4-28　多层 CNN 模型损失和正确识别率随训练次数的变化曲线

　　综合表 4-5 的结果可以看出，多尺度稀疏 SRU 分类模型（未加跳跃连接）的正确识别率和损失是最优的。多层 SRU 模型通过简单地堆叠 SRU，很难获得与多层 CNN 相媲美的正确识别率。除此之外，3 种 SRU 模型每次训练花费的时间都多于多层 CNN 模型。即 SRU 虽然弱化了 RNN 网络中的前后依赖结构，但是算法中仍然存在反馈，使得训练不能完全并行，导致训练时间较多层 CNN 模型要长。

表 4-5　4 种模型的验证结果和每次训练花费时间

网络模型	验证集最优正确识别率	验证集最优正确识别率对应损失	时间/s
多尺度稀疏 SRU 分类模型	0.967	0.004	1.209
多尺度稀疏 SRU 分类模型 （未加跳跃连接）	0.971	0.003	1.204
多层 SRU 模型	0.953	0.006	0.800
多层 CNN 模型	0.960	. 0.005	0.369

　　为了测试网络模型在噪声失匹配条件下的识别性能，将训练好的 4 种网络模型应用于噪声失匹配条件下的水声目标分类识别任务，对模型进行进一步分析。为了构建噪声失匹配条件，分别给 3 类水声目标测试集数据加带限白噪声，生成 SNR 分别为 −20dB、−15dB、−10dB、−5dB、0dB、5dB、10dB、15dB 和 20dB 的水声目标数据。现将不同 SNR 条件下测试集数据的时域波形作为网络模型的输入，对 4 种网络模型的分类识别性能进行测试。

　　图 4-29 是不同 SNR 下 4 种模型的 F_1 值变化曲线，"未加噪声"标注表示测试样本不添加额外的带限白噪声，和训练样本保持同一噪声环境的情况。可以看

出，3 种 SRU 模型的 F_1 值在 SNR 小于 5dB 时均高于多层 CNN 模型。本书提出的多尺度稀疏 SRU 分类模型的 F_1 值在 SNR 小于 15dB 时高于多层 CNN 模型，在 SNR 为 20dB 和"未加噪声"条件下与多层 CNN 模型相同。同时可以看出，跳跃连接对噪声失匹配条件下多尺度稀疏 SRU 分类模型 F_1 值的影响甚微。

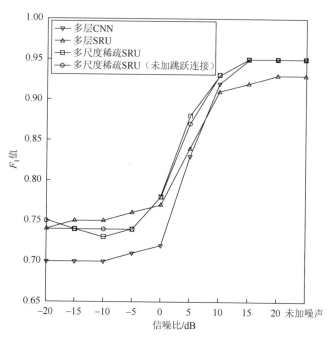

图 4-29　4 种模型的 F_1 值

水声目标的时域波形本质上是时间序列，包含了幅度和相位信息，信息保留完整，是典型的序列信号。对于 SRU，网络提取的底层时间特征和由时间延迟产生的历史隐藏层状态共同输入给隐藏层产生当前状态和输出，所以网络最后时刻的输出和所有时刻的输入是相关的，是所有时刻输入的相关函数[6]。4 种网络模型的测试结果表明，SRU 有能力学习生成具有噪声鲁棒性的特征。本书提出的多尺度稀疏 SRU 分类模型对不同层的 SRU 进行并联，获得了多尺度的特征信息，使得网络模型在获得更高 F_1 值的同时能够抑制噪声的干扰。

参 考 文 献

[1]　Goodfellow I，Bengio Y，Courville A. Deep Learning[M]. Cambridge：MIT Press，2016.

[2]　Lei T，Zhang Y，Wang S I，et al. Simple recurrent units for highly parallelizable recurrence[C]. Proceedings of the 2018 Conference on Empirical Methods in Natural Language Processing（EMNLP），Brussels，2018：4470-4481.

[3]　Srivastava R K，Greff K，Schmidhuber J. Training very deep networks[J]. Advances in Neural Information

Processing Systems，2015，28：2377-2385.

[4]　Szegedy C，Liu W，Jia Y，et al. Going deeper with convolutions[C]. IEEE Conference on Computer Vision and Pattern Recognition（CVPR），Boston，2015：1-9.

[5]　Phillip I，Zhu J Y，Zhou T H，et al. Image-to-image translation with conditional adversarial networks[C]. IEEE Conference on Computer Vision and Pattern Recognition（CVPR），Hawaii，2017：1125-1134.

[6]　Kolen J F，Kremer S C. A Field Guide to Dynamical Recurrent Networks[M]. New York：Wiley-IEEE Press，2001：237-243.

第 5 章　基于深度生成对抗网络的水中目标识别

　　研究者在水声目标识别领域的长期研究中，积累了大量的水声数据，但数据类别信息缺失的情况是客观存在的。一方面是因为长期存储容易导致类别信息遗忘缺失；另一方面是因为大量的水声数据无法获取类别信息。在针对机器故障做水声信号检测识别时，由于机器使用过程中使用状态良好和故障之间并没有明确的界限，其中大量的中间过程无法获得表征机器运行状态（即类别信息）的先验信息。而这些中间状态的声音数据将会对不同运行状态下声信号特征分布产生影响，因此无类别数据对声目标特征分布的建模和识别非常重要。如何有效地利用大量没有类别标注的水声数据是一个十分有意义的问题。本章提出的深度卷积生成对抗网络（deep convolutional generative adversarial network，DCGAN）模型能够有效解决该问题。

　　本章首先介绍了 GAN 的基本原理，然后针对 GAN 的衍生模型深度全连接生成对抗网络（deep fully connected generative adversarial network，DFGAN）和 DCGAN 在水声目标识别领域中的可行性进行了研究：①研究了 DFGAN 模型在水声目标识别中的可行性，通过与基线模型的对比实验验证了 DFGAN 模型适用于水声目标识别领域；②研究了 DCGAN 模型在水声目标识别中的可行性，通过对比实验验证了 DCGAN 模型性能的优越性。

　　本章所使用的数据为前文介绍的数据集 1，但是为了体现出 DFGAN 模型和 DCGAN 模型在目标识别中起到的作用，对数据进行重新划分，划分规则为：①将之前训练集中的样本，每类随机抽取 10 个样本，共 30 个样本作为含类别信息的训练集；②将之前训练集除去①中剩余的 1745 个样本作为不含类别信息的训练集；③测试集不变。

5.1　生成对抗网络基本原理

　　GAN 是一种基于生成模块与对抗模块的深度学习网络模型，由 Goodfellow 等[1]提出，模型主要包括两个部分[2, 3]：生成模型与判别模型。图 5-1 给出了原始 GAN 模型的基本框架。

　　优化过程是两个模块之间的极小极大博弈（minimax game）过程，优化目标是使模型达到纳什均衡，使生成器能够学习到真实数据样本的潜在分布，从而使得判别器无法精准地判定样本的真假性[4, 5]。GAN 对于生成式模型具有重要的意义，相较于其他生成式模型，如 DBN、GAN 只用到了反向传播算法而不需要复杂的马尔可夫链；相比于堆叠自编码的优化目标是对数似然的下界而不是似然度本身，GAN 是直接从数据的分布距离去进行优化，所以理论上如果判别器训练良好，那么 GAN 的生成器可以完美地学习到真实数据的分布，即 GAN 的训练是渐近一致的，而降噪自编码器（denoising auto-encoder，DAE）是有偏差的，从而导致在生成的实例质量上 DAE 比 GAN 要差。

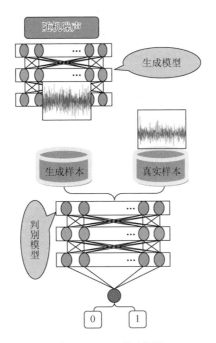

图 5-1　GAN 模型框架

　　随机噪声经由生成模型变换得到与真实样本相同长度的序列，再交由判别模型去判定样本的真假性。模型最终输出一个介于(0, 1)之间的数：当判定样本为真时，模型输出接近 1 的值；当判定样本为假时，模型输出接近 0 的值。网络优化有两个目标：①判别模型对于样本的真假性尽量判断准确；②生成模型尽量生成足以造成判别模型判断失误的假样本。因此 GAN 模型的目标函数为[6]

$$\min_{G} \max_{D} V(D,G) = E_{x \sim p_{data}(x)}(\log(D(x))) + E_{z \sim p_z(z)}(\log(1 - D(G(z)))) \quad (5\text{-}1)$$

式中，$x \sim p_{data}(x)$、$z \sim p_z(z)$ 分别代表真实样本和生成样本；D、G 分别代表判别模型和生成模型；$D(x)$代表判别模型的输出；$G(z)$代表生成模型的输出。将目标函数拆成两项，分别讨论判别模型与生成模型的优化问题。

对判别模型 D 进行优化时，固定生成模型 G 的参数。当样本来源于真实样本集，判别模型 $D(x)$ 需尽量接近于 1；当样本来源生成模型生成的假样本集，判别模型 $D(G(z))$ 需尽量接近于 0，即 $1-D(G(z))$ 趋近于 1，故判别模型目标函数最终如式（5-2）所示：

$$\max_D V(D,G) = E_{x \sim p_{\text{data}}(x)}(\log(D(x))) + E_{z \sim p_z(z)}(\log(1 - D(G(z)))) \qquad (5-2)$$

对生成模型 G 进行优化时，固定判别模型 D 的参数。生成模型的目标函数只有一个，判别模型 D 在判定生成样本 z 的真假性时，使其输出为真，即 $D(G(z))$ 趋近于 1，$1-D(G(z))$ 趋近于 0。故生成模型目标函数为

$$\min_G V(D,G) = E_{z \sim p_z(z)}(\log(1 - D(G(z)))) \qquad (5-3)$$

GAN 能够学习原始真实样本集的分布，无论数据分布的复杂性多高，理论上只要 GAN 训练得足够好，便可以学习。传统的机器学习方法，一般需要定义一个假设模型让数据去学习，如假设原始数据属于高斯分布，然后利用数据去学习高斯分布的参数得到最终模型，SVM 中的核函数便是使用了假设模型分布，通过定义的核函数将数据映射到高维使其变换成一个简单的分布。这些方法都直接或者间接地对数据进行了分布假设，只是不同的映射方法能力不一样。而 GAN 则不同，生成模型最终可以通过噪声生成一个完整的真实样本，说明生成模型已经学习到了从随机噪声到真实样本的分布规律。Goodfellow 等[1]给出了 GAN 在训练过程中是如何一步步逼近真实数据分布的以及 GAN 的训练算法。

5.2　基于生成对抗网络的水中目标识别

5.2.1　基于生成对抗网络的水中目标识别模型

本节将 GAN 基本网络模型应用于部分样本有标签情况下的水声目标识别[7, 8]。建立的模型如图 5-2 所示。

用于识别的 GAN 由两部分组成——生成模型和判别模型，随机噪声 z 进入生成模型中，生成一组与输入相同大小的序列，该序列与有标签真实样本、无标签真实样本分别作为判别模型的输入，判别模型输出三组不同的结果，具有 c 类的真实样本，在判别模型的输出中可以表示为 $c+1$ 类。

下面推导模型的目标函数。

（1）对于判别模型 D，目标函数包含两个部分：

①对于有标签真实样本的监督学习损失 $L_{\text{supervised}}$；

②对于无标签真实样本和生成样本的无监督学习损失 $L_{\text{unsupervised}}$。

$$L_{\text{supervised}} = -E_{x,y \sim p_{\text{data}}(x,y)} \log(p_{\text{model}}(y \mid x, y \in \{1, \cdots, c\})) \qquad (5-4)$$

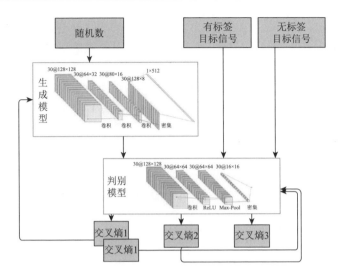

图 5-2　GAN 识别模型

式中，$(x,y) \sim p_{\text{data}}(x,y)$ 表示数据 (x,y) 来源于真实样本。

$$L_{\text{unsupervised}} = -E_{x \sim p_{\text{data}}(x)} \ln(1 - p_{\text{model}}(y = c+1 \mid x))$$
$$-E_{z \sim p_z(z)} \ln(p_{\text{model}}(y = c+1 \mid z)) \tag{5-5}$$

式中，$z \sim p_z(z)$ 表示样本来源于生成模型。将生成样本的标签定为 $c+1$，对于无标记真实样本，只需计算样本不属于第 $c+1$ 类的概率，即 $1 - p_{\text{model}}(y = c+1 \mid x)$；对于生成样本，需计算样本属于 $c+1$ 类的概率，即 $p_{\text{model}}(y = c+1 \mid x)$。

将监督目标函数和无监督目标函数结合起来得到判别模型目标函数为

$$L_D = L_{\text{supervised}} + L_{\text{unsupervised}}$$
$$= -E_{x,y \sim p_{\text{data}}(x,y)} \ln(p_{\text{model}}(y \mid x, y \in \{1, \cdots, c\}))$$
$$-E_{x \sim p_{\text{data}}(x)} \ln(1 - p_{\text{model}}(y = c+1 \mid x))$$
$$-E_{z \sim p_z(z)} \ln(p_{\text{model}}(y = c+1 \mid z)) \tag{5-6}$$

（2）对于生成模型 G，目标函数与经典 GAN 相同，即

$$L_G = E_{x \sim p_z(z)}(\ln(1 - D(G(z))))$$
$$= E_{x \sim p_z(z)}(\ln(1 - p_{\text{model}}(y = c+1 \mid x))) \tag{5-7}$$

训练中使用交叉熵作为损失函数，利用梯度下降算法优化交叉熵，由于交叉熵使用 Sigmoid 函数，在训练过程中容易引起梯度消失现象，为了稳定训练并提高样本的质量，将目标函数做如下改进：

$$L_D = -\frac{1}{2}E_{x,y\sim p_{\mathrm{data}}(x,y)}(\log(p_{\mathrm{model}}(y\,|\,x, y\in\{1,\cdots,c\}))^2)$$

$$-\frac{1}{2}E_{x\sim p_{\mathrm{data}}(x)}(\log(1-p_{\mathrm{model}}(y=c+1\,|\,z))^2)$$

$$-\frac{1}{2}E_{z\sim p_z(z)}(\log(p_{\mathrm{model}}(y=c+1\,|\,x))^2) \qquad (5\text{-}8)$$

$$L_G = \frac{1}{2}E_{x\sim p_z(z)}(\log(1-p_{\mathrm{model}}(y=c+1\,|\,x))^2) \qquad (5\text{-}9)$$

5.2.2　基于实测水声数据的实验验证

实验基于三类实测水声数据，每个标签有相同的样本数量，每类数据包含 15 个水声片段，每一个水声片段时长约 10s，实验随机选取 5 个水声片段进行网络的优化训练，其余 10 个片段作为测试集。实验中，DBN 模型与 DAE 模型的输入数据是提前经过傅里叶变换的频谱数据，加 Hamming 窗，窗长 1ms 左右，分帧时帧间无重叠。GAN 模型直接输入分帧以后的水声时域信号，分帧的帧长为 1ms，帧间重叠 0.5ms，训练集截取为 1785 个样本数据。

用于识别的 GAN 模型包含生成模块和判别模块，生成模块由卷积层与全连接层组成，卷积层随机初始化 16 个滤波器，长度选取 32，步长为 1，这些滤波器可以反映不同水声结构的特征。生成模块由三层卷积神经网络组成，滤波器个数分别为 64、128、800，三层滤波器的长度均选取 4，步长为 4。判别模型由一层卷积神经网络构成，滤波器的个数为 16，长度为 4，步长为 4。随机选取训练集中 600 个样本对生成对抗网络模型进行训练，其余样本作为训练测试样本，训练的学习率为 0.001，训练迭代终止条件为误差值的差小于 0.0004。GAN 是以判别模型的输出作为分类的特征向量，由于判别模型只有一层输出，所以只有一层的输出特征。

用 GAN 模型对三类实测水声数据进行识别，正确识别率为统计识别正确的帧数除以总帧数。这里分别与 MFCC + Softmax 分类、DBN 网络分类、DAE 网络分类方法进行比较，所有实验均重复 5 次，然后取平均值。识别结果见表 5-1。

表 5-1　识别结果

方法	正确识别率/%
GAN 网络	96.35
DAE 网络	92.28
DBN 网络	88.07
MFCC + Softmax	86.28

由表 5-1 可知，三种深度学习模型的识别效果均优于传统方法，其中，GAN 仅用 600 个随机样本进行训练，正确识别率高于 DBN 网络与 DAE 网络用所有训练集样本进行训练的结果，而且 GAN 网络可以在样本数量有限的情况下进行识别。

为了进一步分析小样本条件下的识别性能，分别取 1200、900、600、300 个样本作为训练集，对 GAN、DBN、DAE 网络模型进行训练，识别实验结果见表 5-2。

表 5-2　不同样本数量的识别结果

方法	训练样本数	正确识别率/%
GAN 网络	1200	94.37
	900	96.25
	600	96.35
	300	93.21
DAE 网络	1200	91.83
	900	89.25
	600	85.34
	300	81.29
DBN 网络	1200	86.48
	900	86.34
	600	84.16
	300	81.25

由表 5-2 可知，当训练样本减少时，DAE 网络识别能力下降最明显，DBN 网络正确识别率也随着样本数下降而减小，而 GAN 网络的正确识别率相对最高且比较稳定，在样本数为 600 时，正确识别率达到最优，即 GAN 网络在小样本范围内存在一个最优样本数匹配，因此，更适合小样本数据的训练与识别。

5.2.3　GAN 模型输出特征可视化分析

t-SNE（t-distributed stochastic neighbor embedding），即 t-分布邻域嵌入算法，是机器学习算法中一种无监督的降维算法。t-SNE 作为一种非线性降维算法，常用于将高维数据降维至 2 维或 3 维，以便绘图对数据进行可视化分析，从视觉上直观得到分类有效性验证。

　　t-SNE 算法由 Hinton 课题组于 2002 年提出，并于 2008 年提出 SNE 改进算法[9]。其中心思想是在保证数据分布与原始的特征空间中数据分布高度相似的情况下将数据从高维空间映射到低维空间，以达到降维的效果。SNE 是先将欧氏距离转换为条件概率来表达点与点之间的相似度，但是 SNE 的问题很难优化。

　　设数据集为 $X = \{X_1, X_2, X_3, \cdots, X_N\} \subset \mathbb{R}^D$，每一个样本数据的维度为 D，降维后的低维数据集为 $Y = \{Y_1, Y_2, Y_3, \cdots, Y_N\} \subset \mathbb{R}^d$。具体的算法步骤如下。

　　t-SNE 使用条件概率来表征两个数据之间的相似性。$p_{j|i}$ 表示两个高维数据 X_i 与 X_j 之间的条件概率分布，其计算方法如式（5-10）所示：

$$p_{j|i} = \frac{\exp(-\|x_i - x_j\|^2 / (2\sigma_i^2))}{\sum\limits_{k \neq i} \exp(-\|x_i - x_k\|^2 / (2\sigma_i^2))} \tag{5-10}$$

式中，σ_i 是高斯分布标准差；$p_{j|i}$ 服从高斯分布。两个数据相似性越高，$p_{j|i}$ 的值越大，反之则越小。同理可得，两个高维数据 X_i 与 X_j 的低维映射 Y_i 与 Y_j 之间的相似性条件概率为

$$q_{j|i} = \frac{\exp(-\|y_i - y_j\|^2)}{\sum\limits_{k \neq i} \exp(-\|y_i - y_k\|^2)} \tag{5-11}$$

对于低维度情况下的条件概率，可以指定高斯分布的标准差为 $1/\sqrt{2}$。如果降维的效果比较好，局部特征保留完整，那么 $p_{j|i} = q_{j|i}$。

　　（1）假设 $p_{j|i} = p_{i|j}$，$q_{j|i} = q_{i|j}$，且 $p_{i|i} = q_{i|i} = 0$。用高维和低维数据间的联合概率分布 p_{ij} 和 q_{ij} 替换条件概率分布，联合概率的表示为

$$p_{ij} = \frac{p_{i|j} + p_{j|i}}{2} \tag{5-12}$$

$$q_{ij} = \frac{(1 + \|y_i - y_j\|^2)^{-1}}{\sum\limits_{k \neq l} (1 + \|y_k - y_l\|^2)^{-1}} \tag{5-13}$$

　　（2）同理，如果降维效果较好，则 $p_{ji} = q_{ji}$。损失函数为两个概率分布之间的距离，即 K-L 散度，表示如下：

$$C = \text{KL}(P \| Q) = \sum_i \sum_j p_{j|i} \log\left(\frac{p_{ij}}{q_{ij}}\right) \tag{5-14}$$

式中，P 为高维空间中度量点对分布的概率分布；Q 为低维空间中度量点对分布的概率分布。K-L 散度具有不对称的特性，在低维映射中，距离较远的两个点来表达距离较近的两个点会产生更大的损失，相反，用较近的两个点来表达较远的

两个点产生的损失相对较小，因此最后的结果折中取局部特征。使用梯度下降算法迭代更新数据，最小化该损失函数。

（3）在高维空间下，使用的是高斯分布，将距离转换为概率分布，在低维空间下，使用的是 t-分布，以避免"拥挤问题"，使得高维度下中低等的距离在映射后能够有一个较大的距离。使用 t-分布优化后 t-SNE 的梯度为

$$\frac{\delta c}{\delta y_i} = 4\sum_j (p_{ij} - q_{ij})(y_i - y_j)(1 + \|y_i - y_j\|^2)^{-1} \tag{5-15}$$

（4）困惑度（perplexity），可用来表示一个点附近的有效近邻点个数，困惑度表示为

$$\mathrm{perp}(P_i) = 2^{H(P_i)} \tag{5-16}$$

$$H(P_i) = 2^{-\sum p_{ji} \log_2 P_{ji}} \tag{5-17}$$

式中，$H(P_i)$ 为 P_i 的熵。SNE 对困惑度的调整比较有鲁棒性，通常选择范围为 5～50，给定之后，使用二分搜索的方式寻找合适的 σ。

（5）通过反复迭代寻优以后，得到的 Y 即为降维后的新数据。

将不同视角下的判别模型输出特征用 t-SNE 降维表示，如图 5-3（a）～（d）所示。由图可知，GAN 能很好地分离出不同类型的特征数据。

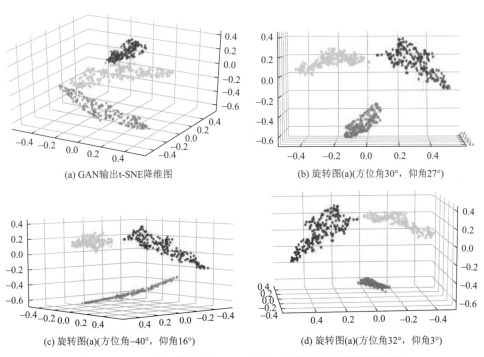

(a) GAN输出t-SNE降维图　　　　　　　　(b) 旋转图(a)(方位角30°，仰角27°)

(c) 旋转图(a)(方位角−40°，仰角16°)　　　　(d) 旋转图(a)(方位角32°，仰角3°)

图 5-3　GAN 网络层输出的 t-SNE 特征可视化图形（彩图附书后）

图中不同颜色的点代表三类特征；三维坐标分别表示特征大小，无单位

　　类似地，选择与图 5-3（a）相同的视角，对 DAE 和 DBN 模型所得特征进行可视化，结果分别如图 5-4 和图 5-5 所示。

　　通过对比不难看出，GAN 模型对不同类型的样本聚合度优于 DAE 模型与 DBN 模型。DAE 模型与 DBN 模型微调后的输出，不同类型之间均有交叉点，DBN 模型的交叉点最多。

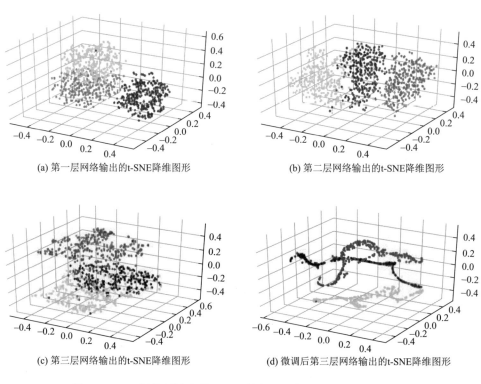

(a) 第一层网络输出的t-SNE降维图形　　　　　　(b) 第二层网络输出的t-SNE降维图形

(c) 第三层网络输出的t-SNE降维图形　　　　　　(d) 微调后第三层网络输出的t-SNE降维图形

图 5-4　DAE 网络层输出的 t-SNE 特征可视化图形（彩图附书后）

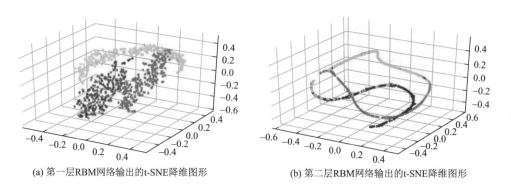

(a) 第一层RBM网络输出的t-SNE降维图形　　　　　　(b) 第二层RBM网络输出的t-SNE降维图形

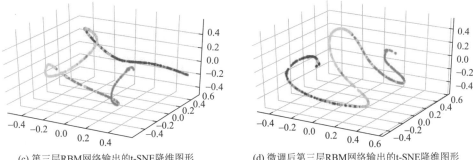

(c) 第三层RBM网络输出的t-SNE降维图形　　　　(d) 微调后第三层RBM网络输出的t-SNE降维图形

图 5-5　DBN 网络层输出的 t-SNE 特征可视化图形（彩图附书后）

5.3　深度全连接生成对抗网络在水声目标识别中的应用

利用 GAN 的无监督特性，在原始 GAN 上做出改进，使其能够适用于水声目标识别中标记样本少而无标记样本大量存在的实际情况。图 5-6 为半监督 GAN 模型框架。

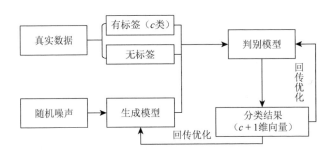

图 5-6　半监督 GAN 模型框架

真实样本中加入无标签样本，判别模型不再简单地判定样本的真假，而是对于真实有标签样本需要判定出其类别，对于真实无标签样本和生成样本需判定出其真假性。所以对于具有 c 类的真实样本和生成样本，最终的分类结果是 $c+1$ 类。对于有标签真实数据，目标函数为模型后验概率 $p_{\text{model}}(y \in \{1,\cdots,c\} \mid x)$，对于无标记样本和生成样本，目标函数类似于原始 GAN。故模型目标函数推导如下。

（1）对于判别模型 D，目标函数包含两个部分：①对于有标签真实数据的监督学习损失 $L_{\text{supervised}}$；②对于无标签真实数据和生成样本的无监督损失 $L_{\text{unsupervised}}$。

$$L_{\text{supervised}} = -E_{x,y \sim p_{\text{data}}(x,y)} \log(p_{\text{model}}(y \mid x, y \in \{1,\cdots,c\})) \qquad (5\text{-}18)$$

式中，$(x,y) \sim p_{\text{data}}(x,y)$ 表示数据 (x,y) 来源于真实样本，并且真实样本的标签 $y \in \{1,\cdots,c\}$。

$$L_{\text{unsupervised}} = -E_{x \sim p_{\text{data}}(x)} \log(1 - p_{\text{model}}(y = c + 1 | x))$$

$$-E_{z \sim p_z(z)} \log(p_{\text{model}}(y = c + 1 | z)) \qquad (5\text{-}19)$$

式中，$z \sim p_z(z)$ 表示样本来源于生成模型。将生成样本的标签定为 $c + 1$，对于无标记真实样本，只需计算样本不属于第 $c + 1$ 类的概率，即 $1 - p_{\text{model}}(y = c + 1 | x)$；对于生成样本，需计算样本属于 $c + 1$ 类的概率，即 $p_{\text{model}}(y = c + 1 | x)$。

将监督目标函数和无监督目标函数结合起来得到判别模型目标函数为

$$L_D = L_{\text{supervised}} + L_{\text{unsupervised}}$$

$$= -E_{x, y \sim p_{\text{data}}(x, y)} \log(p_{\text{model}}(y | x, y \in \{1, \cdots, c\}))$$

$$- E_{x \sim p_{\text{data}}(x)} \log(1 - p_{\text{model}}(y = c + 1 | x))$$

$$- E_{z \sim p_z(z)} \log(p_{\text{model}}(y = c + 1 | z)) \qquad (5\text{-}20)$$

（2）对于生成模型 G，目标函数与原始 GAN 相同，即

$$L_G = E_{x \sim p_z(z)}(\log(1 - D(G(z))))$$

$$= E_{x \sim p_z(z)}(\log(1 - p_{\text{model}}(y = c + 1 | x))) \qquad (5\text{-}21)$$

DFGAN 模型是由全连接网络构成的，其基本框架如图 5-7 所示。

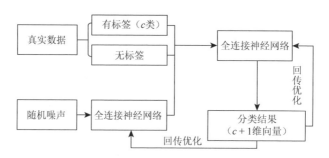

图 5-7　DFGAN 模型框架

针对全连接网络，模型的输入与 CNN 以声音波形为输入有所不同，因为 CNN 中有卷积层的存在，相当于对输入波形进行滤波，而全连接网络没有这种类似的组件，让其直接从声音波形的层级上去学习是不可取的。故这里用 MFCC 特征作为 DFGAN 模型的输入，基于此来研究 DFGAN 模型在水声目标识别中的应用。

实验中的 MFCC 特征共提取 64 维。基于此特征，DFGAN 模型的正确识别率如图 5-8（a）所示；图 5-8（b）给出了基线模型的正确识别率随 Gamma 参数的变化结果，反复调试之后，Gamma 参数变化范围为 $10^{-18} \sim 10^{-16}$ 时，能得到基线模型正确识别率趋势。

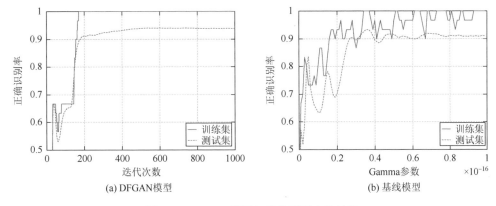

图 5-8　DFGAN 模型与基线模型实验结果

由图 5-8 可以看出，基线模型与 DFGAN 模型的训练集正确识别率均已达到 100%，但是 DFGAN 模型测试集正确识别率达到 93.89%，而基线模型正确识别率在 Gamma 参数为 3.6×10^{-17} 时达到最高 93.35%。由于此数据的鉴别性能较好，DFGAN 模型相对于基线模型正确识别率提升不多，但是依然可以看出 DFGAN 模型相对于基线模型的优势。

通过上述实验，不仅验证了 DFGAN 模型在水声目标识别领域中应用的可行性，还体现出了基线模型对参数的选择更为苛刻，DFGAN 模型在获得最优识别性能上更加便利。

5.4　基于深度卷积生成对抗网络的水声目标识别

5.3 节中通过实验表明了在小样本情况下，利用大量无标签样本的 DFGAN 模型相比于没有使用无标签样本的基线模型，在性能上有所提高。但是，通过第 3 章 CNN 模型与基线模型的对比可知，以原始波形作为输入的 CNN 模型在各方面性能都比以 MFCC 特征作为输入的基线模型优越，故可以经验性地认为当用 MFCC 特征作为 GAN 模型的输入时，相当于在模型之初就限制了模型的整体性能上限。本节将判别模型由全连接神经网络替换为 CNN，从而 DFGAN 模型演化为 DCGAN 模型，摒弃 MFCC 特征作为模型的输入，利用 CNN 模型强大的特征提取能力进一步提高生成对抗网络在水声目标识别中的性能。DCGAN 模型框架如图 5-9 所示，在网络结构上与 DFGAN 模型类似，只是将判别模型的网络结构替换为 CNN。

基于 DCGAN 模型，做了与 5.3 节同等实验条件下的实验，图 5-10 给出了 DCGAN 模型的实验结果。结合 5.3 节的实验结果，表 5-3 给出了三种模型的正确识别率对比。

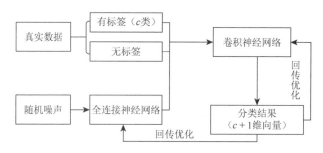

图 5-9　DCGAN 模型框架

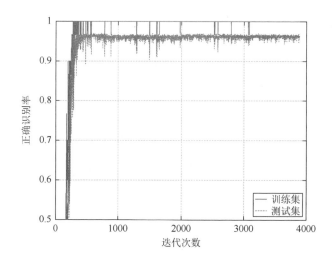

图 5-10　DCGAN 模型实验结果（彩图附书后）

表 5-3　三种模型的识别性能对比

集合类型	基线模型	DFGAN 模型	DCGAN 模型
训练集	1.0000	1.0000	1.0000
测试集	0.9335	0.9389	0.9616

由图 5-10 可以看出，DCGAN 模型大约迭代 400 次时，测试正确识别率便已达到 0.95；结合表 5-3 可以看到，DCGAN 模型正确识别率比 DFGAN 模型和基线模型正确识别率高出将近 3%，验证了在水声目标识别中 DCGAN 模型的优越性。

通过上述实验可以得出以下结论。

（1）验证了 DCGAN 模型在水声目标识别领域中应用的可行性，并且模型性能优越；

（2）DCGAN 模型避免了 DFGAN 模型受限于 MFCC 特征提取的弊端，利用

CNN 实现了直接从声音波形进行特征提取，从而使模型性能在 DFGAN 模型的基础之上有了进一步的提升。

5.5　模型参数优选

本节基于湖试数据集针对 DFGAN 模型与 DCGAN 模型分别进行了参数优选：①DFGAN 模型主要研究了模型性能随网络层数与层节点数的变化趋势；②DCGAN 模型类似于 CNN 模型主要研究了模型性能随卷积核个数和卷积核尺寸的变化趋势。

5.5.1　DFGAN 模型参数优选

DFGAN 模型中全连接网络的层节点数和层数决定了模型的复杂程度，模型简单则容易出现模型表现力不足，有欠拟合风险；而模型太复杂则模型表现力过强，出现过拟合风险。选择合适的模型复杂度能够提高模型的性能，实验中在模型参数增多时加入了一定的正则化方法防止模型过拟合，如前面提到的 dropout 和 L2 范数正则化等。图 5-11 给出了网络层数分别为 2、3、4、5 层，层节点数变化时模型性能的变化趋势，表 5-4 给出了具体数值。

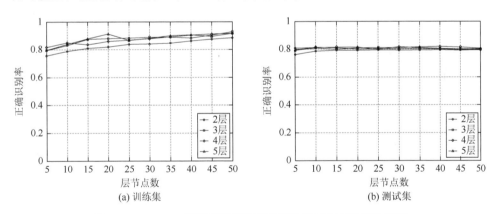

图 5-11　DFGAN 模型正确识别率随层数和层节点数变化趋势

表 5-4　测试集在不同层数和层节点数下 DFGAN 模型正确识别率

节点数	2 层	3 层	4 层	5 层
5	0.7614	0.7922	0.8045	0.7947
10	0.7858	0.8084	0.8114	**0.8124**
15	0.7929	0.7979	0.8139	0.8083
20	0.7925	0.8073	**0.8143**	0.801
25	0.7949	0.8116	0.7982	0.8053

续表

节点数	2 层	3 层	4 层	5 层
30	0.7928	0.8103	0.8148	0.8014
35	0.7931	0.8145	0.8075	0.8058
40	**0.7954**	**0.8151**	0.8033	0.8007
45	0.7939	0.8142	0.8022	0.7951
50	0.7932	0.8042	0.8039	0.7969

由图 5-11 可以看出，随着层数和层节点数的增多，模型在训练集上的正确识别率持续升高，在测试集上渐渐趋于稳定。结合表 5-4 可以看出，层数一定时，随着层节点数的增加，模型最优趋于在层节点数较小的情况下，并且整体正确识别率有略微升高，说明在一定范围内增加模型复杂度配合一些防止过拟合的方法能有效提高模型的鲁棒性。

对于大小一定的数据集，不断增大模型复杂度会渐渐增大模型过拟合风险，通过添加一些防止过拟合的方法会减弱过拟合的趋势。但当模型过于复杂时，过拟合很难避免，如层数为 5 时，随着层节点数增多，模型正确识别率呈衰减趋势。

5.5.2　DCGAN 模型参数优选

与研究卷积神经网络类似，本节也从卷积核的个数与卷积核的大小进行参数寻优。图 5-12 与表 5-5 给出了卷积核个数分别为 32、64、96 和 128 时，深度卷积生成对抗网络模型的测试集正确识别率随卷积核尺寸变化的结果图，表 5-6 给出了基线模型、DFGAN 模型和 DCGAN 模型的测试集实验结果对比。

由图 5-12 和表 5-5 可以看出，卷积核个数为 96 和卷积核尺寸为 64 时，模型正确识别率达到最优；卷积核尺寸为 32 时，模型正确识别率随着卷积核个数的增多而逐渐上升，卷积核尺寸为 64 和 128 时，模型正确识别率先升高后降低。可以

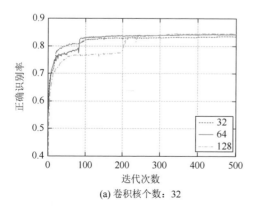

(a) 卷积核个数：32

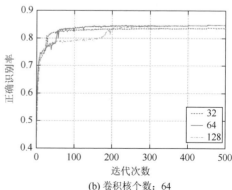

(b) 卷积核个数：64

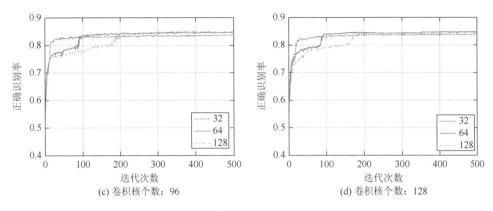

图 5-12　DCGAN 模型性能随卷积核个数与尺寸变化结果（彩图附书后）

看到随着卷积核个数的增多和尺寸的增大，模型越来越复杂，导致模型渐渐出现过拟合现象，所以实际应用中，需要多次实验选择最优参数。结合表 5-6 可以看出，DCGAN 模型的实验结果维持在 0.85 左右，远优于基线模型的 0.7345 和 DFGAN 模型的 0.8151。

表 5-5　DCGAN 模型性能随卷积核个数与尺寸变化结果

卷积核尺寸	卷积核个数			
	32	64	96	128
32	0.8357	0.8388	0.8386	**0.8404**
64	0.8433	0.8485	**0.8523**	0.8493
128	0.8462	**0.8479**	0.8476	0.8464

表 5-6　三种模型最优实验结果

模型	正确识别率
基线模型	0.7345
DFGAN 模型	0.8151
DCGAN 模型	**0.8523**

5.6　数据集对模型识别性能的影响

5.5 节主要研究了如何调节自身模型参数以达到模型的最佳性能，本节主要研究模型识别性能在数据集内部发生变化时的鲁棒性，主要包括两个方面：①数据集大小对模型性能的影响，通过控制训练集中有标签数据量的大小来研究有标签样本的个数对于模型性能的影响；②数据集失配条件下，即分别只对训练集和测试集添加噪声，以此探究数据集失配条件下模型的鲁棒性。

5.6.1　有标签样本数量对模型性能的影响

本节基于 DCGAN 模型、基线模型以及 CNN 模型研究了在有标签训练数据量不同的情况下，各个模型之间性能的差异。

实验设置：实验数据采用湖试数据集，训练样本中有标签样本数分别设置为 0.5 万、1 万、1.5 万和 2 万，测试样本仍为 20 万，剩下的样本均为无标签训练样本。图 5-13 分别给出了基线模型、CNN 模型和 DCGAN 模型的实验结果，其中图例中的数字分别代表的样本数为 0.5 万、1 万、1.5 万和 2 万。表 5-7 给出了具体的不同数量标记样本下三种模型的最优正确识别率，其中 DCGAN 模型和 CNN 模型表示模型稳定后的平均结果。

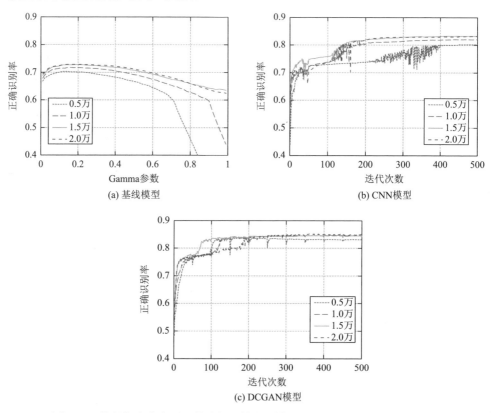

图 5-13　数据集中含有不同数量标记样本时模型正确识别率（彩图附书后）

表 5-7　不同数量标记样本下三种模型的最优正确识别率

标记样本数量/万	基线模型	CNN 模型	DCGAN 模型
0.5	0.7034	0.8017	**0.8306**

标记样本数量/万	基线模型	CNN 模型	DCGAN 模型
1.0	0.7178	0.8198	**0.8449**
1.5	0.7282	0.8320	**0.8444**
2.0	0.7293	0.8310	**0.8482**

由图 5-13 和表 5-7 可以看出，基线模型与 CNN 模型最优正确识别率从数据集中含有 0.5 万标记样本到 1 万标记样本、从 1 万标记样本到 1.5 万标记样本均有较大提升，从 1.5 万标记样本到 2 万标记样本时，模型性能几乎不变；DCGAN 模型从数据集中含有 0.5 万标记样本到 1 万标记样本时，模型正确识别率有较大提升，而从 1 万标记样本到 1.5 万标记样本再到 2 万标记样本时，模型性能提升微小。由上述实验结果可以得到以下现象和结论。

（1）比较 CNN 模型结果和基线模型结果可知，CNN 模型性能全面优于基线模型性能，进一步验证了第 3 章中 CNN 模型适用于水声目标识别的结论。

（2）由 DCGAN 模型和 CNN 模型结果对比可知，DCGAN 模型不仅正确识别率优于 CNN 模型而且在标记样本较少时实验结果更加稳定。说明了 DCGAN 模型的结果并不仅仅是因为 CNN 模型带来的优势，还因为 DCGAN 模型本身固有的优势：在训练过程中针对无标记样本做了处理，使得模型能够学到更多广义的泛化的特征，从而提高了模型的鲁棒性。

（3）较宽的标记样本数量范围内（本章为 0.5 万～2 万条样本），DCGAN 模型的正确识别率最优，说明 DCGAN 模型比基线模型和 CNN 模型更加适用于少量标记样本的实际情况；并且 DCGAN 模型在达到较优正确识别率时，数据集中含有多少标记样本的需求上比基线模型和 CNN 模型少，说明基线模型和 CNN 模型相对于 DCGAN 模型更加依赖于标记样本量以提高模型正确识别率。

5.6.2　噪声失配对模型性能的影响

实际水声目标识别中，数据集噪声失配是常态，已拥有的数据与待测试的数据在分布上往往是不同的，能否在数据失配情况下获得较好的识别效果是检验水声目标识别方法优劣的一个重要标准。本节针对此问题分别对基线模型和 DCGAN 模型进行验证分析，实验分为两组，分别为仅对训练集数据加噪声和仅对测试集数据加噪声，以此来研究数据集失配条件下模型的识别能力。两者从不同角度去检测模型的泛化能力，仅对训练集数据加噪声（以下称为第一种情况）的目的是研究在已拥有的数据集质量较差的情况下，模型是否能够针对新数据进行正确识别；仅对测试集数据加噪声（以下称为第二种情况）是为了研究在训练集数据较为纯粹的情况下，模型是否能够针对含噪量较大的新数据进行正确识别。

本实验研究在加噪声的范围为–20～20dB 时，基线模型与 DCGAN 模型的性能差异。图 5-14 给出了基线模型分别在两种情况下的训练集和测试集正确识别率，以测试集达到最高正确识别率参数为准；图 5-15 给出了 DCGAN 模型分别在两种情况下的训练集和测试集正确识别率。

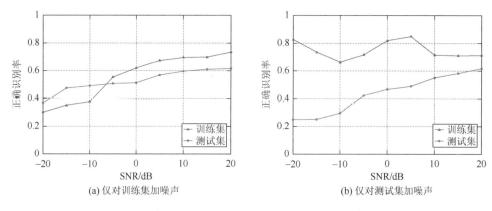

图 5-14　基线模型数据失配实验结果

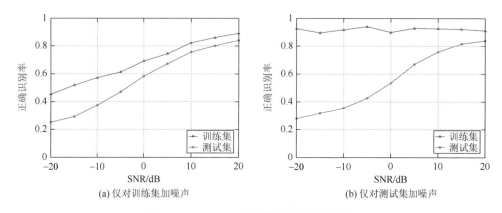

图 5-15　DCGAN 模型数据失配实验结果

由图 5-14 基线模型的实验结果可以看出：第一种情况下，训练集和测试集正确识别率均随信噪比增大逐渐上升；第二种情况下，训练集正确识别率在较高水平上下波动，测试集正确识别率逐渐上升。

由上述结果可以得出以下结论：

（1）信噪比越低，即噪声越大，模型正确识别率越低，说明数据噪声失配对基线模型的影响很大。

（2）第一种情况下，随着信噪比的增大，测试集正确识别率增长缓慢，但模型正确识别率最低值在 0.4 左右，最高值为 0.6 左右；第二种情况下，随着信噪比的增大，测试集正确识别率增长迅速，但模型正确识别率最低值为 0.2 左右，最高值也为 0.6 左右。基线模型针对第一种情况鲁棒性较强，而针对第二种情况较为敏感。针对第一种情况，模型可以通过调节参数以增强泛化性，提高对于训练数据噪声的鲁棒性；第二种情况是无法通过调节模型参数来增强鲁棒性的，故针对此种情况，就需要收集更多的训练数据，或者通过对测试集的噪声进行建模，将其融入训练数据中，以此来消除数据失配的问题。

由图 5-15 中 DCGAN 模型的实验结果可以得到与基线模型类似的结果，但 DCGAN 模型相对于基线模型有以下优点。

（1）较宽的信噪比范围内（本节实验：–20～20dB），DCGAN 模型整体正确识别率高于基线模型，说明 DCGAN 模型对噪声的鲁棒性强于基线模型。

（2）DCGAN 模型在信噪比为 20dB 时便与不加噪声时的结果相当，而基线模型在实验范围内未能达到与无噪声时相当的结果。基线模型中的 MFCC 特征受噪声影响较大，且无法通过调节 MFCC 参数避免该影响；而 DCGAN 模型中的 CNN 模型在提取特征时能够自适应地优化特征提取模型参数，并且 DCGAN 中应用到了更多的数据，所以学习到更多的数据特征，从而能够在信噪比较高时，达到与无噪声时正确识别率相当的结果。

（3）DCGAN 模型在训练过程中利用了大量的无标记数据样本，学习得到更多的数据分布特征而受加入的噪声影响不大，所以相对于基线模型有天然的优势，从而使 DCGAN 模型在数据失配时相对于基线模型拥有更强的鲁棒性。

参 考 文 献

[1] Goodfellow I，Bengio Y，Courville A. 深度学习[M]. 赵申剑，黎彧君，符天凡，等，译. 北京：人民邮电出版社，2017.

[2] LeCun Y，Bengio Y，Hinton G . Deep learning[J]. Nature，2015，521：436-444.

[3] 王坤峰，苟超，段艳杰，等. 生成式对抗网络 GAN 的研究进展与展望[J]. 自动化学报，2017，43（3）：321-332.

[4] Arjovsky M，Chintala S，Bottou L. Wasserstein GAN[EB/OL]. (2017-01-26)[2023-05-10]. http://arxiv.org/abs/1701.07875.

[5] Mao X，Li Q，Xie H，et al. Least squares generative adversarial networks[C]. 2017 IEEE International Conference on Computer Vision（ICCV），Shenzhen，2017：2813-2821.

[6] Odena A. Semi-supervised learning with generative adversarial networks[EB/OL]. (2016-10-22)[2023-05-10]. http://arxiv.org/abs/1606.01583.

[7] Jin G，Liu F，Wu H，et al. Deep learning-based framework for expansion，recognition and classification of underwater acoustic signal[J]. Journal of Experimental & Theoretical Artificial Intelligence，2019（5）：1-14.

[8] Gao Y，Chen G，Wang F，et al. Recognition method for underwater acoustic target based on DCGAN and DenseNet[C]. 2020 IEEE 5th International Conference on Image，Vision and Computing（ICIVC），Beijing，2020：215-221.

[9] Maaten L，Hinton G . Visualizing data using t-SNE[J]. Journal of Machine Learning Research，2008，9：2579-2605.

第6章 深度半监督和无监督水中目标分类识别

6.1 水声目标无监督与有监督学习的关系

当前水声数据采集设备逐渐向自动化、无人化方向发展，而人工标注数据类别代价昂贵，由此采集的大量无类别标记数据的深入分析需要利用无监督学习算法。无监督学习包括降维分析、生成式模型以及聚类分析。前面章节中深度神经网络利用 RBM 或 AE 进行网络预训练的过程就是利用了生成式模型对无类别信息的数据进行利用和训练。本章主要讨论在类别完全未知情况下进行聚类分析的问题。

聚类分析与目标识别的目的相同，就是尽可能将不同类目标区分开。无论能否观察到目标类别，水声数据的分布必然不是完全随机的，而是受到某些与类别相关的隐藏因子影响，样本分布会出现一定的规律性。无监督和有监督学习的目的都是揭示这种规律。观察到新数据时，聚类分析通过分析新数据与已有聚类中心的相似度（或距离、概率等）指标对新数据是否属于已有类别进行判断。不同类别、不同工况都可能导致目标数据概率分布发生变化，无监督学习会尽可能将这些样本区分开。类别包含了影响水声目标辐射噪声的关键因素，这些因素对聚类结果的影响都是非常显著的。尽管目前无监督学习问题中暂时还无法对这些因子进行直观的数学描述，但是通过观察目标数据最终的分布情况，还是可以对不同影响因素下的目标数据进行区分。聚类分析中，同一个聚类分量往往对应相同类别某一工况下的数据集合，不同类目标不容易聚集到同一个分量中，据此推断出可以接受甚至是得到非常好的分类结果是完全有可能的。可以看出，聚类分析实际上是目标识别过程的一部分。在通过人工标注方式获得部分目标类别信息的情况下，聚类分析可以很方便地利用这些类别信息，进而转变为有监督或者半监督的识别系统。

聚类分析和目标识别问题的技术路线也具有相似性。在以往框架中，首先提取特征，然后利用无监督聚类算法，如 k-means[1, 2]及 GMM[3]等对数据进行聚类分析。与前面两章中有监督学习的问题相同，传统特征对数据的表示能力有限、选择合适特征困难等，也是聚类分析中面临的问题。深度学习用于特征学习是十分强大的工具，从前面的研究可以看出，其提取的特征具有较强的分类性能。DLF 的分类性能优异，考虑到聚类分析和识别任务的相似性，这些特征可以作为聚类分析的基础。本章首先考虑在聚类分析中利用 DLF，并与传统 MFCC 特征对比，组合不同的聚类算法测试聚类性能。

　　尽管目标聚类与识别存在诸多相同的地方，但是在一些细节上，这两种方法还是有所区别的。前面提到，在水声目标识别问题中，有监督学习的内容是对信号特征和信号类别之间建立映射关系。有监督目标识别的训练过程中观察到的数据是由信号特征及其类别构成的数据对。无监督聚类仅能观察到信号特征，而无法获得类别信息，因此，无法得到信号特征到实际类别的映射关系。由于无监督聚类得到的类别与实际类别并不存在直接关联，对聚类结果进行解释是十分困难的。水声辐射噪声特性研究表明，即使是相同的目标，在不同工况下辐射的信号也是不同的。无监督聚类中代表类别的聚类中心可能对应不同类别或同一类别不同工况的数据。在有监督学习过程中，由于数据集可以令不同工况对应相同的类别，即使目标工况可能发生变化，在训练数据能够尽可能覆盖目标所有工况的情况下，其识别效果依然是可以保证的。但是无监督学习中，其聚类结果是对应不同目标类别还是对应相同目标不同工况，这是不明确的。图 6-1 直观地体现了无监督学习和有监督学习实际效果的关系。图中不同颜色表示数据不同工况，左上角为目标 1 的三种工况，右下角为目标 2 的两种工况。在有监督学习中，由于已知这些数据的类别，在多种工况情况下，依然能够学习得到较好的分界线（有监督学习），实现对不同类数据的划分。在无监督学习过程中，聚类算法可能只能对不同工况进行聚类（4 个椭圆），而且相近的工况会合并为一类，得到的聚类结果无法与实际类别进行对应。

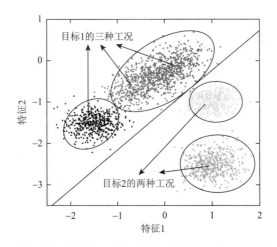

图 6-1　有监督目标识别与无监督聚类分析的关系（彩图附书后）

　　与有监督学习仅仅关注特征到类别的映射关系不同，如图 6-1 所示，目标的类别和工况信息，在无监督学习中可以认为是对目标数据分布有一定影响但是没有被观察到的隐藏信息。有监督目标识别对未知数据的扩展性较差（见图 1-3），而无监督聚类由于类别信息被隐藏起来，结果更容易受到其他因素的影响。无监督聚类算法对解释在这些因素影响下的数据内部结构是非常重要的。从图 6-1 中可以看出，在无监督学习得到的这些椭圆范围外，样本出现的可能性是较低的，若出现新的样本则可能会对应新的类别或工况。大多数有监督学习（如 SVM）忽视了数据内部结构，出现新数据时系统的推广性能较差。无监督聚类算法也是大多数半监督（部分数据存在类别信息）分类识别算法的基础。因此，研究无监督聚类算法，有助于对目标识别问题进行新的认识。

本章首先介绍两种使用最为广泛的聚类算法：k-means 和 GMM。其次，为了突破传统聚类算法的限制，引入了一种无参数贝叶斯的狄利克雷过程结合高斯混合模型（Dirichlet process based GMM，DP-GMM）算法，解决对目标类别数进行推断的问题。然后在水声数据集上验证了这些聚类算法的性能。最后，本章还提出了一种基于因子分析的方法，用于增强 MFCC 特征的聚类性能。

6.2　传统聚类算法

聚类分析是应用无类别信息的数据进行目标识别的重要技术手段，现有算法主要包括 k-means、GMM、层次聚类、自组织映射聚类和模糊聚类等，其中前两种应用更多。

6.2.1　k-means 算法

k-means 算法是硬聚类算法，是典型的基于代价函数优化的聚类方法代表。k-means 算法以数据点到聚类中心某种距离作为优化的代价函数，然后利用对代价函数求极值的方法得到更新聚类中心的迭代算法。k-means 算法是很典型的基于距离的聚类算法，采用距离作为相似性的评价指标，即认为两个对象的距离越近，其相似度就越大。该算法认为类是由距离靠近的对象组成的，把得到紧凑且独立的类作为最终目标，得到不同的聚类中心代表不同的类。k-means 算法一般以欧氏距离作为相似度测度，通过求对应一组聚类中心向量的最优分类，使得评价指标 J 最小。该算法采用误差平方和准则作为聚类准则函数，即

$$J(k,\mu) = \sum_i \| x_i^{(k)} - \mu_k \|^2 \tag{6-1}$$

式中，$x_i^{(k)}$ 为归到第 k 类的数据；μ_k 为第 k 类的数据中心。可通过使式（6-1）对变量求导，并令导数为零的方法求式（6-1）的最小值，为使式（6-1）最小，通过求导可知，μ_k 的取值如下：

$$\mu_k = \frac{1}{N_k} \sum_i x_i^{(k)} \tag{6-2}$$

式中，N_k 为第 k 类样本数。

　　该算法第一步是随机选取任意 k 个对象作为初始聚类的中心，初始地代表一个簇。在每次迭代中对数据集中剩余的每个对象，根据其与各个簇中心的距离将每个对象重新赋给最近的簇。当对所有数据对象进行划分后，就完成了一次迭代。完成迭代后计算新的聚类中心，如果在一次迭代前后，J 的值没有发生变化，说明算法已经收敛。算法具体过程如下：

　　（1）从 N 个数据随机选取 k 个数据作为质心；

　　（2）对剩余的每个数据，测量其到每个聚类中心的距离，并把它归到最近的聚类中心所代表的类；

　　（3）重新计算已经得到的各个类的聚类中心；

　　（4）迭代计算直至新的聚类中心与原聚类中心距离小于指定阈值，算法结束。

　　k-means 算法首先从 N 个数据对象任意选择 k 个对象作为初始聚类中心。而对于剩下的其他对象，则根据它们与这些聚类中心的相似度（距离），分别将它们分配给最相似的类别（由聚类中心代表）进行聚类。然后由式（6-2）计算该聚类中所有对象的均值，重新获得新的聚类中心。不断重复这一过程直到代价函数收敛为止。这个过程中 k 个类别中心具有以下特点：各类本身尽可能紧凑，而不同类别之间尽可能分开。以此达到聚类的目的。

　　k-means 算法的特点是采用两阶段反复循环过程算法，结束的条件是不再有数据被重新分配。k-means 算法的时间复杂度是 $O(NKT)$，其中，N 代表数据集中对象的数量，T 代表算法迭代的次数，K 代表簇的数目。其优点是算法快速、简单。对大数据集有较高的效率并且是可伸缩性的，时间复杂度接近于线性。

　　k-means 算法也存在一定的不足。首先，算法中 k 是事先给定的，这个 k 值的选定是非常难以估计的。很多时候，事先并不知道给定的数据集应该分成多少个类别才最合适。其次，需要根据初始聚类中心来确定一个初始划分，然后对初始划分进行优化。由于 k-means 算法的代价函数并非凸函数，这个初始聚类中心的选择对聚类结果有较大的影响，一旦初始值选择得不好，可能无法得到有效的聚类结果，这也是影响算法鲁棒性的主要问题。本节为了克服聚类中心初始化的问题，使用了文献[2]提供的预设聚类中心的做法。最后，从 k-means 算法框架可以看出，该算法需要不断地进行样本分类调整，不断地计算调整后的新的聚类中心，当数据量非常大时，算法的时间开销是非常大的。

6.2.2　GMM

　　k-means 算法使用欧氏距离（或其他指定的距离测度），在统计意义上欧氏距离适用于样本边界（概率密度等高线）呈圆形的情况，如标准的高斯分布等，k-means 算法隐含了对样本分布的假设。这种假设决定了 k-means 算法仅仅适用于不同聚类中心代表的数据以圆形或球形边界划分的情况。采用统计学方法假设目标数据集是由一系列不同概率分布混合的分布所决定，显然是对聚类问题更直接的解决方案，GMM 是这类方法的代表。理论上可以证明，GMM 可以通过多个高斯分布的混合逼近任意概率分布。这说明使用 GMM 对数据分布进行建模时，无须对数据的概率分布做过多先验的假设。

但是在实际聚类分析中，GMM 假设数据来源于不同的类别，且单一类别的数据服从高斯分布，则所有类别数据构成的集合满足高斯混合分布。假设 x 是采集到的样本数据（特征向量），维数为 P，即 x 为 P 维的向量，使用 GMM 描述目标数据概率分布的表达式为

$$f(\lambda,\mu,S,x) - \sum_{i=1}^{M}\frac{\lambda_i}{(2\pi)^{\frac{P}{2}}|\Sigma_i|^{\frac{1}{2}}}\exp((x-\mu_i)^T\Sigma_i^{-1}(x-\mu_i)) = \sum_{i=1}^{M}\lambda_i p_i \quad (6\text{-}3)$$

式中，M 是高斯模型的混合数；λ_i、μ_i 和 Σ_i 是第 i 个高斯模型的权重、P 维均值向量及 $P\times P$ 的协方差矩阵；p_i 是 x 对第 i 个高斯模型的分布函数。一维情况下 GMM 的概率密度函数示意图如图 6-2 所示。从图中可以看出，GMM 与单一的高斯分布不同，可模拟具有多个峰值的概率密度函数。

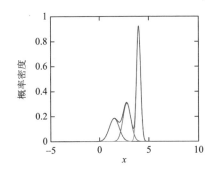

图 6-2　一维情况下 GMM 的概率密度函数（彩图附书后）

从式（6-3）可以看出，高斯混合模型的参数包括 4 种：M、λ_i、μ_i 和 Σ_i，$i=1,2,\cdots,M$。将这些参数用一个变量表示出来可以写为 $\theta=(M,\lambda,\mu,\Sigma)$，这样可用 θ 描述一个完整的高斯混合分布。

训练高斯混合模型的参数就是通过训练样本特征向量估计参数 θ 的过程。由最大似然估计可知，如上的估计问题就是通过采集到的训练样本 x 估计 GMM 参数 $\theta=(M,\lambda,\mu,\Sigma)$ 的过程。其思路是通过选取合适的 θ，使式（6-4）取得最大值：

$$L(\theta)=\sum_{i=1}^{P}\log\sum_{j=1}^{M}\lambda_j p_j(x_i,\theta) \quad (6\text{-}4)$$

最大似然估计通过使 $L(\theta)$ 导数为零的方式求其最大值，但是由于该表达式过于复杂且含有隐藏变量，无法得到解析形式的闭合解。针对这类问题，期望最大化（expectation maximization，EM）算法是目前广泛使用的参数估计算法。使用 EM 算法估计 GMM 参数 $\theta=(M,\lambda,\mu,\Sigma)$ 的方法如下[4]。

（1）使用 k-means 算法将 x 预分为 M 类，每类的样本个数为 N_l，样本记为 $x_l^{(i)}(l=1,2,\cdots,M;i=1,2,\cdots,N_l)$。按以下公式求其初始化参数：

$$\lambda_l^0=1/N^l \quad (6\text{-}5)$$

$$\mu_l^0 = \frac{\sum_i x_l^{(i)}}{N_l} \tag{6-6}$$

$$\Sigma_l^0 = \frac{(x_l - \mu_l^0)^{\mathrm{T}}(x_l - \mu_l^0)}{N_l - 1} \tag{6-7}$$

（2）E 步，即计算第 l 个高斯混合模型的后验概率；

$$p_l(x, \theta) = \frac{\lambda_l p(x \mid \theta_l)}{\sum_{i=1}^{M} \lambda_i p(x \mid \theta_i)} \tag{6-8}$$

（3）M 步，使用上述后验概率优化计算新的 θ：

$$\lambda_l = \frac{1}{N^l} \sum_{i=1}^{N_l} p_l(x_l^{(i)}, \theta_l) \tag{6-9}$$

$$\mu_l = \frac{\sum_{i=1}^{N_l} p_l(x_l^{(i)}, \theta_l) x_l^{(i)}}{\sum_{i=1}^{N_l} p_l(x_l^{(i)}, \theta_l)} \tag{6-10}$$

$$\Sigma_l = \frac{\sum_{i=1}^{N_l} p_l(x_l^{(i)}, \theta_l)((x_l^{(i)} - \mu_l)^{\mathrm{T}}(x_l^{(i)} - \mu_l))}{\sum_{i=1}^{N_l} p_l(x_l^{(i)}, \theta_l)} \tag{6-11}$$

（4）通过不断地使用新的 E 步和 M 步更新 GMM 中的超参数，即可得到最终的训练结果。在实际的计算中，常常根据经验设定固定的循环次数，这里设定 40 次 E 步和 M 步的循环。

若 y 是待聚类的目标特征，为 $P \times D$ 的矩阵，其中，P 为特征维数，D 为样本个数，k 为数据集中目标的个数，假设共包含 M 个高斯分布，可以对数据集训练一个对应的 GMM。通过式（6-12）计算待聚类特征 y 对应第 i 个模型的概率：

$$p_i(y) = \frac{\lambda_l \mathcal{N}(y \mid \mu_i, \Sigma_i)}{\sum_{m=1}^{M} \lambda_i \mathcal{N}(y \mid \mu_m, \Sigma_m)} \tag{6-12}$$

式中，$\mathcal{N}$ 表示高斯分布。在聚类分析中，GMM 的每个高斯分布可以被认为是不同类别，每类的分布可由对应的均值向量和协方差矩阵得到。这样就可通过每类的概率分布估计样本属于该类别的似然概率，然后通过取最大值对应的高斯分布作为样本的聚类结果。

6.2.3 层次聚类算法

层次聚类（hierarchical clustering）算法是通过对数据集按照某种方法进行层次分解，直到满足某种条件为止。根据层次分解的顺序是自下向上还是自上向下，层次聚类算法分为凝聚层次聚类算法和分裂层次聚类算法。

凝聚型层次聚类的策略是先将每个对象作为一个簇，然后合并这些原子簇为越来越大的簇，直到所有对象都在一个簇中，或者某个终结条件被满足。绝大多数层次聚类属于凝聚型层次聚类，它们只是在簇间相似度的定义上有所不同。

给定要聚类的 N 个对象，以及 $N \times N$ 的距离矩阵，层次聚类算法的基本步骤如下：

（1）将每个对象归为一类，共得到 N 类，每类仅包含一个对象，类与类之间的距离就是它们所包含的对象之间的距离；

（2）找到最接近的两个类并合并成一类，于是总的类数少了一个；

（3）重新计算新类与所有旧类之间的距离；

（4）重复第（2）步和第（3）步，直至满足终止条件。

6.2.4 自组织映射聚类算法

自组织映射（self-organizing mapping，SOM）聚类算法基于自组织神经网络（self-organizing neural network），假设在输入对象中存在一些拓扑结构或顺序，可以实现从输入空间（n 维）到输出平面（2 维）的降维映射，其映射具有拓扑特征保持性质，与实际的大脑处理有很强的理论联系。

SOM 网络包含输入层和输出层。输入层对应一个高维的输入向量，输出层由一系列组织在 2 维网格上的有序节点构成，输入节点与输出节点通过权重向量连接。学习过程中，找到与之距离最短的输出层单元，即获胜单元，对其进行更新。同时，将邻近区域的权值更新，使输出节点保持输入向量的拓扑特征。

该算法具体流程如下：

（1）网络初始化，对输出层每个节点权重赋初值；

（2）在输入样本中随机选取输入向量，找到与输入向量距离最小的权重向量；

（3）定义获胜单元，在获胜单元的邻近区域调整权重使其向输入向量靠拢；

（4）提供新样本，进行训练；

（5）收缩邻域半径、减小学习率，再重复直到小于允许值，输出聚类结果。

6.2.5 模糊聚类算法

1965 年，美国加州大学伯克利分校的扎德教授第一次提出了"集合"的概念。经过十多年的发展，模糊集合理论渐渐被应用到很多领域。为克服非此即彼的分类缺点，出现了以模糊集合论为数学基础的聚类分析。用模糊数学的方法进行聚类分析，就是模糊聚类分析（fuzzy clustering analysis，FCA）。

FCA 算法是一种以隶属度来确定每个数据点属于某个聚类程度的算法。该聚类算法是传统硬聚类算法的一种改进。

FCA 算法流程如下：

（1）标准化数据矩阵；

（2）建立模糊相似矩阵，初始化隶属矩阵；

（3）算法开始迭代，直到目标函数收敛到极小值；

（4）根据迭代结果，由最后的隶属矩阵确定数据所属的类，显示最后的聚类结果。

对于以上四种聚类算法，k-means 算法的初始点选择不稳定，是随机选取的，这就引起聚类结果的不稳定；层次聚类算法虽然不需要确定分类数目，但是一旦一个分裂或者合并被执行，就不能修正，聚类质量受限制；FCA 算法对初始聚类中心敏感，需要人为确定聚类数，容易陷入局部最优解；SOM 聚类算法与实际大脑处理有很强的理论联系，但是处理时间较长，需要进一步研究使其适应大型数据库。

6.3　DP-GMM 聚类方法

上述算法中，k-means 及 GMM 等常用的无监督聚类算法都需要将类别数作为先验信息输入，而在实际中，在没有类别信息的情况下，目标类别数目是无法先验获得的。在水声监控系统中，这种情况更为常见。在不断累积水声样本的过程中，出现的目标是逐渐增多的，也就是说，在实际情况下目标数目实际上应当是一个变量。因此，引入狄利克雷过程（Dirichlet process，DP）对水声目标的数据分布进行建模是非常有必要的。当前在机器学习领域引入基于无参数贝叶斯方法[5, 6]的聚类算法，不需要设定与类别数有关的先验信息，不限定参数维度，在设定好各隐变量的先验分布基础上，不仅可以在学习过程中估计类别数，还可以根据最大后验概率估计目标参数的概率分布。其中一种典型的聚类算法即为基于 DP 的方法[7]。

可假设单类目标数据的先验分布为高斯分布、伯努利分布或多项式分布（后两者适合输入数据为二元数据的情况），在目标数据为连续的实变量、类别先验信息为离散随机变量的情况下，可使用 DP-GMM，即无限维高斯混合（infinite Gaussian mixture）分布对目标数据的概率分布进行建模，并通过推断满足多项式分布的类别信息的方法进行聚类分析。DP-GMM 将类别作为隐藏信息，通过概率建模将观察得到的数据与隐藏类别一一对应。与前面介绍的聚类算法相比，采用这种建模方法具有以下优势。

（1）具有明确的概率学解释，可学习得到每类数据的概率分布。可自动学习得到类别数，对类别信息的建模更加灵活。

（2）DP-GMM 支持在线学习的方式。输入新数据可以方便地进行再学习。

（3）水声信号受到多种因素的影响，特点十分复杂，实际上同一类水声信号可能包含多种工况，可能产生多个高斯分布（详见 6.4 节），DP-GMM 可灵活调整高斯分布的个数，能够更好地拟合样本数据的真实分布。

6.2 节中介绍的 GMM 需要设定类别数。而 DP-GMM 无须设定类别数，也可称为无限的 GMM。这是因为其类别生成的过程被认为是一个 DP，而该过程无须限定类别的数目。与 GMM 不同，DP-GMM 在数据分析过程中，可自动增加或减少类别数，用以适应数据集的变化。DP 对类别数的建模与数据总量有关，类别数的增长近似正比于数据总量的自然对数。一般情况下，为了能够更好地拟合数据的分布情况，DP 会随着数据量的增大自动增加类别数。DP-GMM 中的参数通过贝叶斯方法估计，无须预先设定任何模型参数。不过在存在先验信息的情况下，DP-GMM 也能够更容易利用这些信息，其概率图模型如图 6-3 所示。

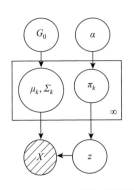

图 6-3　DP-GMM 的概率图模型

在 DP-GMM 中，各随机变量（参数）的概率分布定义如下：

$$G \sim \mathrm{DP}(\alpha_0, G_0); (\mu_k, \Sigma_k) \sim G$$
$$\pi \,|\, \alpha \sim \mathrm{Dir}(\pi \,|\, \alpha); z \,|\, \pi \sim \mathrm{Mult}(z \,|\, \pi) \tag{6-13}$$

从式（6-13）中可以看出，每类的概率分布均假设为高斯分布，高斯分布的参数 (μ_k, Σ_k) 是从一个概率分布 G 中采样得到，而这个概率分布 G 来源于一个聚集程度为 α_0、基础分布为 G_0 的 DP。为了推导方便，G_0 可设置为高斯分布的共轭分布：

$$\mu_k, \Sigma_k \sim \mathbb{N}\left(\mu_k \,|\, \mu_0, \frac{1}{\alpha_0} \Sigma_k \right) \mathrm{IW}(\Sigma_k \,|\, \Sigma_0, \beta_0) \tag{6-14}$$

式中，N 为高斯分布，其参数分别为均值向量和协方差矩阵；IW 为逆 Wishart 分布；μ_0、Σ_0 是均值和协方差矩阵的先验，可由总体样本集进行估计；α_0 和 β_0 是集中参数，用于控制生成的 μ_k、Σ_k 与先验 μ_0、Σ_0 的相似度，可在数据集基础上进行自适应的调整。

$\pi \,|\, \alpha$ 表示在给定参数 α 的基础上，其参数分布满足 Dirichlet 分布。Dirichlet 分布是多项式分布的先验分布，而表示每个样本类别的索引 z 设定为多项式分布用以生成数据的类别。观察数据 x 在图模型中的解释是，在类别 z 生成后对相应的高斯概率分布进行采样获得，即

$$x_n \mid z_{nk} = 1, \mu_k, \Sigma_k \sim \mathcal{N}(\mu_k, \Sigma_k) \tag{6-15}$$

由此可知，对包含类别信息的 z 进行采样的过程为

$$p(z_{nk} = 1 \mid z, x_n, \mathcal{X}) \propto p(z_{nk} = 1 \mid z) p(x_n \mid z, z_{nk} = 1, \mathcal{X})$$
$$\propto p(z_{nk} = 1 \mid z) p(x_n \mid \mathcal{X}_k') \tag{6-16}$$

式中，z 表示其他数据的类别标记；$\mathcal{X}$ 表示总体样本数据集；$\mathcal{X}_k'$ 表示被聚到第 k 类的样本数据集；

$$p(x_n \mid \mathcal{X}_k') = \frac{p(\mathcal{X}_k', x_n)}{p(\mathcal{X}_k')} \tag{6-17}$$

其中

$$p(\mathcal{X}_k') = \int_{\mu_k, \Sigma_k} p(\mathcal{X}_k' \mid \mu_k, \Sigma_k) p(\mu_k, \Sigma_k) \mathrm{d}\mu_k \mathrm{d}\Sigma_k \tag{6-18}$$

$p(\mathcal{X}_k', x_n)$ 表示样本集 $\mathcal{X}_k'$ 包含 x_n 时的概率，也可通过式（6-18）计算得到。式（6-14）中 $p(\mu_k, \Sigma_k)$ 设计为高斯分布的共轭先验，因此，式（6-18）很容易通过积分求解。

式（6-16）中另一项 $p(z_{nk} = 1 \mid z)$ 可通过中国餐馆过程（Chinese restaurant process，CRP）得到

$$p(z_{nk} = 1 \mid z) = \begin{cases} \dfrac{N_k}{N + \alpha}, & \text{样本属于第} k \text{类} \\ \dfrac{\alpha}{N + \alpha}, & \text{样本属于新类别} \end{cases} \tag{6-19}$$

式中，N 表示样本数；N_k 表示对应第 k 类样本数目，$\sum\limits_k N_k = N$。DP-GMM 中的参数可通过 Gibbs 采样进行学习。DP-GMM 学习过程如算法 6-1 所示。

算法 6-1　利用 Gibbs 采样学习 DP-GMM

（1）输入：数据集 $\mathcal{X} = \{x_n, n = 1, 2, \cdots, N\}$，MaxIter

（2）初始化：随机初始化 z

（3）输出：z

（4）从 $i = 1$ 到 MaxIter

（5）　从 $n = 1$ 到 N

（6）　　移除 z_n

（7）　　从 $k = 1$ 到 K

（8）　　　通过式（6-19）计算 $p(z_n = k \mid z)$

（9）　　　通过式（6-17）计算 $p(x_n \mid \mathcal{X}_k') = p(\mathcal{X}_k', x_n) / p(\mathcal{X}_k')$

（10）　　　通过式（6-16）计算 $p(z_{nk} = 1 \mid z, x_n, \mathcal{X})$

（11）　　结束循环

（12）　　对新的类别，通过式（6-19）计算 $p(z_{nk} = 1 \mid z)$

（13）	通过式（6-18）计算 $p(\mathcal{X}_n')$
（14）	通过式（6-16）计算 $p(z_{nk}=1\,|\,z,x_n,\mathcal{X}') \propto p(z_{nk}=1\,|\,z)p(\mathcal{X}_n')$
（15）	通过按比例调整归一化，计算 $p(z_{nk}=1\,|\,z,x_n,\mathcal{X}')$
（16）	通过 $p(z_{nk}=1\,|\,z,x_n,\mathcal{X}')$ 对 z_n 进行采样
（17）	移除数据集为空的类别，重新调整类别数 K
（18）	结束循环
（19）	结束循环

通过算法 6-1 获得类别标签集 z 后，也就获得了最终的样本聚类结果。在学习过程中 DP-GMM 使用贝叶斯方法更新参数，充分利用数据集的先验信息，这样估算得到的样本数据概率分布的参数较最大似然估计更为鲁棒。

6.4　水声数据聚类实验及分析

6.4.1　评价指标

在无监督情况下对数据进行聚类分析，由于不需要对样本特征和类别信息进行拟合，可以不考虑过拟合的问题，数据集中所有数据均参与聚类分析。通过对聚类结果和样本实际类别进行比对，得到聚类算法的性能。聚类算法的性能主要通过聚类结果矩阵 $n=\{n_{ij}\}$ 进行推断，n_{ij} 表示第 i 类样本被聚集到第 j 个聚类分量中的样本个数。

本章提出的无监督聚类方法，与有监督或半监督的情况不同，在完全未知目标类别情况下，通过聚类方法实现对水声数据的分析处理。而聚类结果与原始类别的对应关系相对复杂，因而无法使用传统的正确识别率作为指标。本节在无监督聚类分析中采用两种指标评价系统性能：最大聚集度（maximum value of the clustering rate，MVCR）和修正兰德指数（adjust Rand index，ARI）[8]。最大聚集度为单类样本被聚类算法打上相同标签的样本最大比例，计算方法如下：

$$\mathrm{MVCR}_i = \frac{\max\{n_{ik}, k=1,2,\cdots,K, k\notin \Theta_i\}}{\sum_k n_{ik}} \times 100\% \qquad (6\text{-}20)$$

式中，n_{ik} 表示第 i 类样本被聚集到第 k 个分量中的样本个数；Θ_i 表示已经被其他类别占据的聚类分量集合；MVCR_i 表示除去其他类别样本占据的分量外，第 i 类样本在其他分量上聚集最多样本的数量与该类样本总数之比。MVCR_i 反映了每类样本在最大分量上的聚集程度，忽略了其他次大的分量。在同类目标工况较多的情况下，该指标不能反映聚类算法的全部性能。本章同时使用另外一个更具有代表性的综合指标 ARI 总体评价聚类算法的性能。ARI 定义如下：

$$\text{ARI} = \frac{\sum\limits_{ik}\binom{n_{ik}}{2} - \dfrac{2ab}{N(N-1)}}{\dfrac{1}{2}(a+b) - \dfrac{2ab}{N(N-1)}} \times 100\% \qquad (6\text{-}21)$$

式中，$\binom{P}{Q}$ 表示从 P 个实例中取 Q 个实例的组合数；n_{ik} 的定义与式（6-20）中相同；N 为总样本数；$a = \sum\limits_{k}\binom{\sum\limits_{i} n_{ik}}{2}$；$b = \sum\limits_{i}\binom{\sum\limits_{k} n_{ik}}{2}$；ARI 取值一般在 0～1 范围内。

聚类算法完全失效时，可能出现聚类性能低于期望性能，此时，$\sum\limits_{ik}\binom{n_{ik}}{2} < \dfrac{2ab}{N(N-1)}$，ARI 可取得负值。ARI 越大表示聚类算法性能越好。本节为了保留更多有效位数，一般以百分数表示 ARI。

在实际数据中，对于某一类数据，ARI 在 MVCR 基础上不仅考虑了聚集数据最多的分量，也能顾及聚集数量较少的小类分量。对于不同类数据，如果数据聚集到不同分量上，这时 ARI 较大，说明具有较好的聚类性能。但是，不同类数据也会聚集到同一个分量上造成混淆，这会使得 ARI 减小。因此，ARI 指标主要受到两个因素的影响：同类聚集程度以及异类的混淆程度。综合看来，ARI 指标能够较为客观地反映聚类算法的性能。值得注意的是，由于水声数据受到工况、噪声、通道等因素影响，数据构成复杂，在提取的特征聚集度不高的情况下，尤其是根据经验限定实际类别数目，强制将不相似的数据聚为一类的情况下，更容易造成异类的混淆。这种情况下，ARI 指标在真实类别数的情况下反而可能不如设定更多类别的情况（更多类别可将不同类别、不同工况的数据聚集到不同的分量中，不易造成异类数据混淆）。从这个角度看，在聚类分析中使用真实的类别数目信息并不一定总能得到更好的聚类性能，这在 6.4.3 节的实验结果中也可得到验证。

6.4.2　参数设置

本节对上述算法进行详细的实验分析，由于数据集 3 影响因素较多，容易影响对算法性能的判断，本节分析在数据集 1 和数据集 2 上进行。在这两个数据集上提取特征的基本设置与前面的章节保持一致。

本节对比了在两个数据集上，通过组合不同特征提取方法（MFCC 以及堆叠 RBM、堆叠 AE 等 DLF）以及不同的聚类算法（k-means、GMM 以及 DP-GMM），测试这些不同聚类算法的性能。其中，由于 k-means 和 GMM 没有判断类别数目的能力，故使用了与真实类别数相同的设置（数据集 1 为 3 类、数据集 2 为 4 类）。DP-GMM 初始类别数设为 30，最终类别数以算法实际输出为准。一般情况下，该数目会略大于实际类别数。以堆叠 RBM 特征为例，一次典型的计算过程中，DP-GMM 聚类中心数目为 4~6 个，与真实类别数 3 较为接近。

由于 DP-GMM 算法的收敛性难以通过理论分析得到，实际使用时，收敛性可通过迭代过程中 ARI 的变化以及聚类中心数目进行判断。在 50 次迭代过程中，ARI 的变化如图 6-4（b）所示。从图中可以看出，在 50 次迭代后，ARI 的变化不大。高斯分布数量的收敛曲线如图 6-4（a）所示。从图中可以看出算法是可以收敛的。

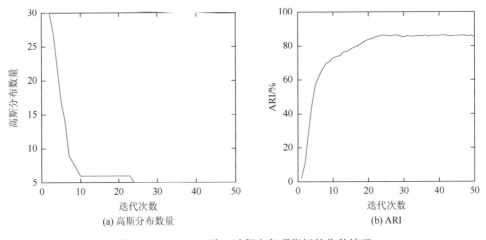

图 6-4　DP-GMM 学习过程中各项指标的收敛情况

6.4.3　实验结果及分析

本节实验使用 ARI 作为评价系统性能的指标，由于部分算法如堆叠 RBM、堆叠 AE 以及聚类算法初始化及学习过程中包含随机采样的过程，所得结果具有一定的随机性。这种情况下，本节采用 50 次计算并以平均值表示该系统最终的性能。这几个系统的聚类性能见表 6-1。

表 6-1　不同特征和聚类算法情况下的 ARI　　　　　　（单位：%）

特征	数据集 1			数据集 2		
	k-means	GMM	DP-GMM	k-means	GMM	DP-GMM
MFCC	74.23	71.27	71.47	38.86	54.02	65.04
堆叠 RBM	68.19	76.20	84.74	31.72	71.77	68.97
堆叠 AE	82.64	85.83	77.85	34.74	44.94	67.11

从表 6-1 中可以看出，不同的特征与聚类方法的组合，最终聚类性能具有很大的差别。尽管不同数据集体现出不同方法之间的规律有所不同，但是可以通过表 6-1 得出以下结论。

（1）除了数据集 1 使用 MFCC 的情况外，GMM 聚类效果优于 k-means 算法，这是因为 GMM 对不同类数据以不同高斯分布进行建模，更为符合实际数据情况，这种建模方式显然较 k-means 算法更为灵活，也更容易取得鲁棒的聚类效果。

（2）在不同情况下，DP-GMM 与 GMM 相比各有优劣，但是 DP-GMM 能够在聚类的过程中对目标数据的聚类中心个数进行推断。这在实际应用中是非常重要的。

（3）从表 6-1 中聚类结果看，深度堆叠的神经网络提取的特征大多数情况下都优于传统的 MFCC 特征。实验结果与第 3 章中使用有监督学习进行目标识别时的结论是一致的。由于数据特征提取问题在分类识别或聚类分析中都具有基础作用，从这个角度看，无论有监督学习或是无监督学习，深度学习提取的特征都具有明显的优势。这是导致深度学习系统性能能够优于传统识别系统的根本原因。

（4）在数据集 2 上，各方法取得的聚类结果较数据集 1 更差，这说明数据集 2 中目标数据特征的分布更为离散。在数据集 2 中，使用 MFCC 特征时，DP-GMM 聚类中心数目为 9～13 个，要远大于真实值，但是通过该方法聚类效果要远好于其他两种聚类算法。这说明在实际数据分布情况较为复杂的情况下，DP-GMM 认为需要更多高斯分布拟合样本的真实分布，与受到类别数限制的其他方法相比，这种方法在建模上更为灵活，也具有更好的稳健性。

6.5　无监督聚类中的概率分布失配问题

6.3 节给出了最常见的、组合不同特征和聚类算法构成的无监督聚类系统框架。但是这种框架与有监督学习中的 DNN 相比，由于无法构建统一的代价函数，将特征提取和聚类分析分割为系统的两个部分，聚类系统不能达到整体的最优性能。在第 4 章中已经讨论过，整体优化不仅能够在统一代价函数基础上，使系统整体性能达到更优，更重要的是，能够使代价函数影响到特征提取层次，使得提取的特征更适应当前的数据库和任务。

上述聚类框架还存在另一个更值得关注的问题，就是容易出现概率分布失配问题。概率分布失配问题是指数据集中样本特征的实际概率分布与聚类算法隐含假设的概率分布不一致，引起聚类系统性能下降的问题。数据的实际概率分布与数据及提取特征的方法有关。概率分布失配问题会导致整体模型误差，与有监督学习的目标识别中训练-测试失配问题一样，是影响聚类系统性能的关键问题。

　　基于传统特征提取方法和聚类算法的系统中，概率分布失配问题几乎是无法克服的。DLF 和前面内容使用的其他特征大都不服从聚类模型所适应的样本概率分布，这是因为特征提取方法在提取特征过程中使用了很多特殊的处理方法，如MFCC 特征提取过程中对 FFT 结果取模或平方，然后对通过 Mel 滤波器的能量取对数，这些操作往往会导致特征的分布并不是高斯分布或者某一种特定概率分布。其次数据集的数据构成是完全未知的，这些数据是否满足特定的概率分布很难预先知道。因此，使用这种聚类框架时，概率分布失配问题难以得到很好的解决。如果使用的聚类算法不能真实地模拟出数据的概率分布，就会出现模型误差，更容易出现同类数据的分割以及异类数据的混淆，进而影响整个聚类系统的性能。

　　概率分布失配问题是聚类算法的核心问题。在有监督的目标识别中，学习分类器就是能够尽可能好地实现特征到类别信息映射的过程，而在聚类分析中不存在这个过程，聚类算法的优劣完全取决于算法假设的样本概率分布与实际数据的概率分布吻合情况，如 k-means 算法的优势在于需要估计参数较少。在样本较少、样本特征分布满足需要的情况下，k-means 算法稳健性较好。这种方法尽管以距离作为聚类准则，但是在特定距离测度下，其数据分布边界会受到限制。在此处与聚类分析有关的问题中，边界定义为样本到聚类中心的距离或属于该类的概率等于指定阈值时，外围样本点集合形成的边界。欧氏距离适用于同类样本边界为圆形的情况。图 6-5 表示的就是 k-means 算法引起的概率分布失配问题。该算法不同簇之间的分界面是指到两个聚类中心距离相同的点的集合。从图中可以看出，蓝色类右半部分与红色聚类中心更近，会与红色类混淆。k-means 算法分界面只与聚类中心有关，与样本分布的其他参数无关。在样本数据分布不能满足圆形边界时，即协方差矩阵的特征值不相等，也就是图 6-5 所示的情况下，k-means 算法不会获得很好的聚类效果。

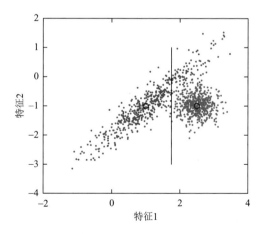

图 6-5　非圆形边界两类目标使用 k-means 聚类分界面示意图（彩图附书后）

从概率角度看，k-means 算法适用于以样本中心为圆心的圆（球）形边界处样本出现概率密度相同的情况。显然大多数实际情况下，这是不能保证的。而高斯混合分布在建模上更为灵活，这种方法假设同类样本的分布满足高斯分布，高斯分布的具体形式通过数据学习，可以适应样本边界为椭圆的情况。显然 k-means 算法适用的圆形边界是高斯混合分布情况下的特例，同类样本服从高斯分布的假设适用范围更广。与 k-means 算法相比，高斯混合分布在聚类算法中对不同数据具有更好的适应性，这一点也可从 6.4 节的实验部分看出。

但在实际问题中，概率分布失配问题表现得更为复杂。假设相同目标在相同工况下得到的数据服从高斯分布，在相同目标类别情况下数据的分布应当服从高斯混合分布。图 6-1 中，目标 1 应具有 3 个高斯分量，目标 2 应具有 2 个高斯分量，即使是假设总体数据集服从高斯混合分布，但是在高斯分布的个数假设不正确的情况下（实际上该图具有两个类别，一般设置高斯混合个数为 2），就会出现试图用一个高斯分布去拟合多个高斯分布的情况，一方面会导致对数据分布的概率推断出现偏差，另一方面也可能使不同类中接近的高斯分量合并为一类，造成异类的混淆。可见，概率分布失配容易导致概率模型估计误差，最终影响聚类算法的性能。在 6.4 节的实验中可以看出，在很多情况下，尽管 DP-GMM 学习得到了比预知类别数更多的高斯分量，然而聚类性能反而优于使用经验类别数的高斯混合模型。显然由于 DP-GMM 能够根据数据的实际分布情况灵活地决定拟合真实分布的高斯分布个数，多工况情况下更不容易产生概率分布失配问题。从本节后面的实验可以看出，水声数据集中同类目标在多个工况情况下包含多个高斯分布的情况也是很常见的，简单的预设类别高斯混合模型也会出现概率分布失配的问题。因此与 k-means 算法或 GMM 相比，DP-GMM 估计类别数不仅是一种贴近实际应用需求的方法，而且可以减少概率分布失配的影响。

为了解决上述问题，在完全无监督（没有任何先验信息，包括类别数）的情况下，对水声信号随着数据增多进行连续的学习聚类，实现特征提取和聚类分析的融合，消除聚类算法与样本实际概率分布失配问题，本章提出了一种深度生成式聚类方法（deep generative clustering method, DGCM）。对于上述两个问题，该方法从以下几个角度进行了突破。

DBM[9, 10]进行深度特征学习，与 AE[11, 12]和单层的 RBM 不同，DBM 是一种更灵活的概率模型，其各层节点具有明确的概率意义。通过设置每层的概率分布，可提取出指定概率分布的特征。本章通过将输出层设置为高斯节点，对隐藏层节点不同响应情况下的特征分布进行分析，可推导出输出层特征的分布是一个高斯混合分布。利用这个特点，可以构建与聚类方法概率分布匹配的模型。

利用 DP 对类别数进行建模，利用 GMM 对每类样本分布进行建模，构建的

DP-GMM 具有自动学习类别数目、对每类样本的概率分布进行估计的能力。

DP-GMM 与 DBM 均可利用概率图模型进行解释，可通过图模型方法构建统一的特征提取-聚类融合系统，与 DNN 的学习类似，可以通过微调方法进一步提升聚类系统性能。

在 DP-GMM 的基础上，本章结合 DBM 对水声数据的原始特征进行概率建模，然后通过 DP-GMM 实现了自动无监督聚类系统。该系统将特征提取和聚类分析融合为一个整体，自上而下地实现了对观察数据集的概率模型建模。在马尔可夫链蒙特卡罗（Markov chain Monte Carlo，MCMC）方法中，通过对连接层的统一采样，实现了顶层的聚类类别信息向下层 DBM 的传递，并重新优化 DBM 的权值参数。传统目标识别系统都是基于特征提取系统和分类/聚类系统的级联这种框架，而本节提出的系统通过融合这两种不同层次的子系统，在原有框架下实现了突破。

本章在基础的级联系统基础上，通过 MCMC 方法提出进一步对系统参数进行联合优化的方法。利用 DBM 顶层特征和 DP-GMM 输入特征的一致性，以及两个子系统对该层特征概率解释的差异性，本章提出了一种统一的 DBM 顶层特征的抽样方法，使得聚类方法中所有层次上的特征、分类系统的概率学解释保持一致。本章最后通过实验证明了这种聚类方法的有效性。

6.6　深度生成式聚类模型及其学习方法

深度神经网络目前主要用于有监督的目标识别，而在缺失类别信息的情况下，对数据进行聚类分析研究较少。在无监督聚类分析问题中，特征和聚类算法概率分布的匹配问题是影响聚类性能的重要因素。传统组合特征提取与聚类算法的形式难以解决概率分布失配的问题。本节提出一种融合特征提取与聚类算法的深度生成式聚类模型，实现聚类信息向特征提取系统的反馈，进一步提升聚类系统的性能。无论有监督目标识别还是无监督聚类分析，构建整体融合的目标识别系统对提升系统性能都有所助益。

DBM 是一种典型的生成式方法，而 DP-GMM 的聚类信息能够深入地反馈到特征提取层，本节将这种模型称为深度生成式无监督聚类模型，其结构如图 6-6 所示。

由图 6-6 可知，该模型由两个子系统构成：DBM 用于特征提取，DP-GMM 用于聚类分析。其中 DBM 的顶层节点作为 DP-GMM 的输入。DP-GMM 认为输入是由不同的高斯分量混合而成，为了满足这一前提假设，DBM 顶层节点的概率分布被设计为实值的高斯分布。在后面内容中会进一步证明，这种对 DBM 节点响应的设计使得数据的概率分布能够满足 GMM 的假设。这样 DBM 提取的特征和

DP-GMM 就是完全匹配的。此外，本节介绍的不仅仅是一套 DBM 和 DP-GMM 的级联系统，还基于 DP-GMM 和 DBM 对共用的顶层节点概率的定义不同，提出联合参数优化算法用于统一对同一变量的概率解释。

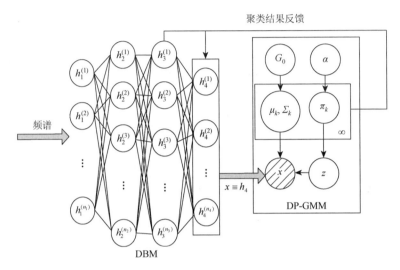

图 6-6　深度生成式无监督聚类模型

本节将聚类系统和 DBM 中特征学习的部分连接起来，用于构建统一的系统进行聚类分析。该系统通过概率分布情况解释不同层次上节点响应生成的角度，通过统一节点的生成概率，利用 Gibbs 采样对系统参数进行用于特征提取的 DBM 网络以及用于聚类分析的 DP-GMM 的联合优化学习，达到对聚类系统进行整体优化的目的。通过本章理论分析和实验部分可以看出，该系统既利用了 DBM 对特征进行更有效的提取和学习，也能利用 DP-GMM 实现聚类，该系统能够自动学习类别数这一关键信息，通过本节提供的联合优化算法可对整体系统进行联合优化，使得系统性能能够达到整体最优。本节提出的 DBM 输出节点概率模型能够和 DP-GMM 匹配，实现输出特征的概率分布与聚类算法的概率分布匹配的目标。从实验部分可以看出，这一性质能够极大地提升系统的聚类性能。

6.6.1　GBGG-DBM 网络概率模型

本节使用的 DBM 模型如图 6-6 左半部分所示。该 DBM 模型由输入层、若干隐藏层以及顶层节点构成。输入层接收信号的原始特征，即频谱特征，为连续的实值，因此设计为高斯节点。在本章中，隐藏层以两层为例。第一隐藏层根据深度学习中的常用设计，采用二元节点（0-1 节点）。在最后两层，设计为高斯节点，对顶层节点设计主要是为了满足 DP-GMM 对输入数据概率分布的假设，而倒数第二层节点的设计是为了简化联合优化算法中的采样过程，这点在联合优化部分可以看到。将网络设置为 4 层结构，根据本节的节点响应设置情况，这种网络被记为 GBGG-DBM，其能量函数如下：

$$E(h;W) = \frac{1}{2}\left(\sum_i (h_1^{(i)})^2 + \sum_k (h_3^{(k)})^2 + \sum_l (h_4^{(l)})^2\right)$$
$$- \sum_{ij} W_1^{(ij)} h_1^{(i)} h_2^{(j)} - \sum_{jk} W_2^{(jk)} h_3^{(k)} h_2^{(j)}$$
$$- \sum_{kl} W_3^{(kl)} h_3^{(k)} h_4^{(l)} \tag{6-22}$$

各层节点响应为 h_1, h_2, h_3, h_4，连接权值为 $\theta = [W_1, W_2, W_3]$，下标表示层数，为了简洁，各层偏置已被忽略。各层节点响应的联合概率密度为

$$p_e = p(h_1, h_2, h_3, h_4; \theta) = \frac{1}{z(\theta)} \exp(-E(h_1, h_2, h_3, h_4; \theta)) \tag{6-23}$$

式中，$z(\theta)$ 为归一化因子，表示如下：

$$z(\theta) = \int_{h_1} \sum_{h_2} \int_{h_3} \int_{h_4} \exp(-E(h_1, h_2, h_3, h_4; \theta)) \mathrm{d}h_3 \mathrm{d}h_4 \mathrm{d}h_1 \tag{6-24}$$

根据贝叶斯条件概率公式：

$$P(A \mid B) = P(A, B) / P(B)$$

可得

$$p(h_2 \mid h_1, h_3, h_4) = \frac{p_e}{\int_{-\infty}^{+\infty} \int_{-\infty}^{+\infty} \int_{-\infty}^{+\infty} p_e \mathrm{d}h_1 \mathrm{d}h_3 \mathrm{d}h_4}$$
$$= \frac{\exp(-E(h_1, h_2, h_3, h_4; \theta))}{\int_{-\infty}^{+\infty} \int_{-\infty}^{+\infty} \int_{-\infty}^{+\infty} -E(h_1, h_2, h_3, h_4; \theta) \mathrm{d}h_1 \mathrm{d}h_3 \mathrm{d}h_4} \tag{6-25}$$

代入能量函数，化简得到与 h_2 有关的项：

$$p(h_2^j = 1 \mid h_1, h_3) = p(h_2^j = 1 \mid h_1, h_3, h_4) = \frac{\exp\left(\sum_{ij} W_1^{ij} h_1^i + \sum_{jk} W_2^{jk} h_3^k\right)}{\exp\left(\sum_{ij} W_1^{ij} h_1^i + \sum_{jk} W_2^{jk} h_3^k\right) + 1} \tag{6-26}$$

$$p(h_2 \mid h_1, h_3) = p(h_2 \mid h_1, h_3, h_4) = \frac{1}{1 + \exp(-(W_1 h_1 + W_2^{\mathrm{T}} h_3))}$$

通过相似的推导可得各层节点的后验概率为

$$h_2 \mid h_1, h_3 \sim \mathcal{S}(W_1 h_1 + W_2^{\mathrm{T}} h_3)$$
$$h_3 \mid h_2, h_4 \sim \mathbb{N}(W_2 h_2 + W_3^{\mathrm{T}} h_4, I) \tag{6-27}$$
$$h_4 \mid h_3 \sim \mathbb{N}(W_3 h_3, I)$$

式中，$\mathbb{S}$ 表示 Sigmoid 函数，其数值表示该节点激活为 1 的概率；$\mathbb{N}$ 表示高斯分布；括号中的参数分别表示高斯分布的均值向量和协方差矩阵。显然 $p(h_4)$ 具有高斯混合分布的形式，即

$$p(x) = \sum_{k=1}^{K} \frac{N_k}{\sum N_k} \mathbb{N}(x \mid \mu_k, \Sigma_k) \qquad (6\text{-}28)$$

这是因为

$$p(h_4) = \sum_{h_2} \int_{h_3} p(h_2, h_3, h_4) \mathrm{d}h_3 = \sum_{h_2} p(h_2) \int_{h_3} p(h_3 \mid h_2) p(h_4 \mid h_3) \mathrm{d}h_3 \qquad (6\text{-}29)$$

显然，$p(h_4 \mid h_2) = \int_{h_3} p(h_3 \mid h_2) p(h_4 \mid h_3) \mathrm{d}h_3$ 是与 h_2 有关的高斯分布，可以推导出该高斯分布的均值向量为

$$\mu = \Lambda^{-1} W_3 W_2 h_2 \qquad (6\text{-}30)$$

式中，Λ 为精度矩阵，即协方差矩阵的逆矩阵为

$$\Lambda = (I - W_3 W_3^{\mathrm{T}}) \qquad (6\text{-}31)$$

其中，I 表示单位矩阵，没有特别标注维度的情况下表示所需维数的单位矩阵。

　　节点有限、类别数有限的情况下，h_2 所能激活的状态也是有限的，因此，$p(h_4)$ 具有高斯混合分布的形式。当以 h_4 作为后续聚类算法的输入时，本章给出的 DBM 模型的这一性质恰好能够符合 GMM 对输入特征的假设。这样就可避免实际输入数据的概率分布与 GMM 假设数据概率分布不一致，从后面实验部分利用不同的聚类算法对相同数据集的聚类实验可以看出，概率分布的匹配问题是影响聚类性能的关键因素之一。

　　建立起 DBM 的概率模型后，首先要对各层节点的响应进行推断。可以看出，DBM 各层节点不仅与下层节点有关，又与上层节点有关，不同层之间均有相互依赖关系，因而节点响应是没有闭合解的。Hinton 等提出利用平均场方法对各层节点进行估计，实际上是一种迭代方法，在已知 $\alpha \mid \beta$ 及 $\beta \mid \alpha$ 的情况下，其思路如图 6-7 所示，箭头表示在已知参数的情况下，对未知参数进行采样[13]。通过多次迭代后获得采样结果作为节点的响应。图 6-7 中上标表示迭代次数。在本节中迭代次数设置为 3～10 次。

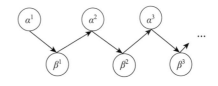

图 6-7　平均场方法对随机变量的采样

　　对 DBM 各层节点响应推断的步骤如下。

　　（1）初始化 DBM 各层节点响应；

　　（2）L 从第 1 层到倒数第 2 层循环，利用第 L 层和第 $L+2$ 层节点响应推断第 $L+1$ 层的节点响应；

　　（3）利用倒数第 2 层节点响应推断最后一层节点响应；

（4）重复上述过程若干次，并以最后一次采样结果作为网络节点响应的输出。

DBM 学习的过程是使观察数据出现概率最大，使代价函数

$$L = p(h_1)$$

取最大值的过程。该最优化问题可通过梯度法求解，即

$$\frac{\partial \ln L}{\partial W_L} = \mathbb{E}(h_{L+1}h_L)_{P_{\text{data}}} - \mathbb{E}(h_{L+1}h_l)_{P_{\text{model}}} \tag{6-32}$$

式中，$\mathbb{E}$ 表示在右下角给定概率分布下括号中随机变量的期望。其定义可以参考 2.3.3 节的 RBM 网络。节点响应可由式（6-6）通过 Gibbs 采样的方法获得，最终参数更新可通过梯度法进行，即

$$W_L = W_L + \eta \frac{\partial \ln L}{\partial W_L} \tag{6-33}$$

6.6.2　联合优化算法

在前述算法中，DBM 和 DP-GMM 可分别进行优化。在传统水声目标的聚类框架中，可通过 DBM 提取底层特征，然后将顶层特征输出给 DP-GMM 进行聚类分析。结合 6.3 节的介绍可以看出，DBM 顶层节点 h_4 是通过 $P(h_4 | h_3)$ 采样得到的。但是在 DP-GMM 中，其输入数据均假设来自高斯分布 $P(x_n | z_{nk} = 1, \mu_k, \Sigma_k)$。实际上本章提出的系统中，$h_4$ 和 x_n 是完全等价的，但是在不同的子系统中，相同的数据被认为通过不同的概率分布进行采样得到，这就说明简单级联的整体聚类模型实际上只能达到次优的聚类效果。

这种现象与有监督学习将特征提取与分类模型设计分离的问题是相似的，即相同的数据在不同系统中具有不同的意义。因此，构建一个深度的系统，涵盖特征提取与分类模型，并通过统一的优化函数进行优化，可使系统更接近最优效果。

为了解决 DBM 和 DP-GMM 模型对同层特征概率解释不一致的问题，图 6-6 显示的模型表明，x_n 也就是 h_4 受到与其相连的其他随机变量的影响，其条件概率分布如下：

$$P(h_4 | h_3, z_{nk} = 1, \mu_k, \Sigma_k) \propto P(h_3 | h_4)P(h_4 | \mu_k, \Sigma_k) \tag{6-34}$$

由于本章使用的模型中，$h_3 | h_4$ 和 $h_4 | \mu_k, \Sigma_k$ 均为高斯分布，式中概率分布 $P(h_4 | h_3, z_{nk} = 1, \mu_k, \Sigma_k)$ 的结果也是高斯分布，其精度矩阵为

$$\Lambda_k = \Sigma_k^{-1} + W_3 W_3^{\mathrm{T}} \tag{6-35}$$

均值向量为

$$\mu_k' = \Lambda_k^{-1}(\Sigma_k^{-1}\mu_k + W_3 h_3) \tag{6-36}$$

在分别优化两个子系统（DBM 和 DP-GMM）后，可通过式（6-13）对顶层特征进行重新采样，然后分别对 DBM 和 DP-GMM 重新进行学习。本章使用的联

合优化算法对 DBM 各层节点响应分布进行采样，然后学习 DP-GMM 的参数，最后利用联合优化算法对整体系统进行微调。

在本节中，W_3 是用于降维的矩阵（行数小于列数），一般情况下，$W_3 W_3^{\mathrm{T}}$ 是正定或半正定矩阵，Λ_k 决定的高斯分布精度高于由 Σ_k^{-1} 或 $W_3 W_3^{\mathrm{T}}$ 单独决定的高斯分布，这种采样过程能够促使获得更一致的顶层节点响应，有利于增加同类样本特征的聚集程度。因此，联合优化算法的采样过程能够采样出更好的特征。

由于本章算法涉及两个不同的子系统，算法的收敛性难以通过理论保证，但是可通过实验中观察性能变化曲线判断算法是否收敛。在某次实验中通过对最终性能指标 ARI 进行分析，得到图 6-8。从图中可以看出，在 DBM 和 DP-GMM 分别优化的基础上，本章提出的联合优化算法可以进一步提高性能，并且可以很快地收敛。本章实验中，根据收敛速度，联合优化算法选择迭代 20～50 次。

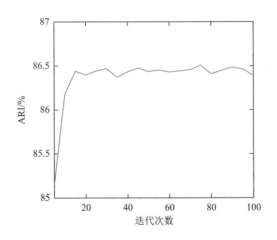

图 6-8　ARI 与联合优化算法中迭代次数的关系

6.6.3　实验结果及分析

本章实验数据选用数据集 1 和数据集 2，在实验中考虑了多种不同 DBM 设置情况，一般情况下，DBM 的隐藏层节点数目的设置原则与堆叠神经网络的设置方法相似。本节通过对系统的聚类性能和对 DBM 重构输入数据时的均方误差两个角度考虑节点数目的选择问题。例如，对于数据集 1，使用 400-800-200-20 的 DBM 节点数设置，最终得到的 ARI 为 86.06%，而采用 400-500-200-20 时，该值为 85.50%，可见隐藏层节点在一定范围内变化对最终性能影响不显著。DBM 训练得到的均方误差（MSE）如图 6-9 所示，数据集 1 和数据集 2 分别对应图 6-9（a）和图 6-9（b）。从图中可以看出，在数据集 1 上，不同节点数训练 50 次后 MSE

相差不大, 当设置为 800 时还容易出现 MSE 在迭代过程中增大的情况。而在数据集 2 中, MSE 很快收敛, 在节点数较多时 MSE 更小。

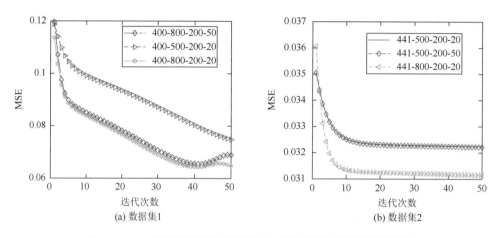

图 6-9　DBM 网络不同节点数情况下对原始输入数据的重构误差

如图 6-10 所示, 顶层节点数对最终的聚类性能有一定的影响, 这个数字越大, 正确识别率上升的趋势越明显。但在实验中发现, 随着 DP-GMM 输入特征维数的增加, DP-GMM 学习得到的各混合分量的协方差矩阵逐渐接近病态矩阵, 影响方法的鲁棒性。这是因为受到数据量的限制, 在特征维数过高的情况下容易造成高斯分布协方差估计不准确的问题, 在超过 100 维输出节点的情况下, DP-GMM 往往因为病态矩阵而无法进行学习。本章在输出层节点的选择上, 在能够具有代表系统总体性能的情况下, 选择较小的维数作为顶层节点的数目。针对数据集 1 和数据

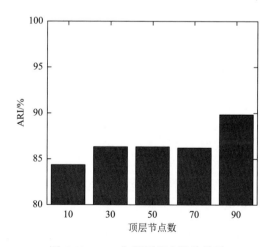

图 6-10　ARI 与顶层节点数的关系

集 2，输出层节点数目分别设置为 20 和 50。综合考虑 MSE 和 ARI 指标的变化情况，对数据集 1 各层节点数设置为 400-500-200-20 进行实验。而对于数据集 2，DBM 各层节点数设置为 441-800-200-50。

在上述设置条件下，本节在两个数据集上使用 MFCC 特征和 DBM 提取的特征，并利用概率线性判别分析（probabilistic linear discriminant analysis，PLDA）方法降维，然后以二维散点图绘出不同样本点在降维后的子空间中的分布情况，如图 6-11 所示。图中 3 组散点分别表示不同的类别，可以看出相同类别的数据可能会存在不同工况，如黑色样本就主要分为两簇。每个样本标注的数字表示通过 DP-GMM 聚类后高斯分布的编号。可以看出，DBM 训练得到的特征在同类上更聚集，且与其他类别区分性更强。一般情况下，每类样本分布越接近高斯分布，使用的高斯分布就越少。利用 DP-GMM 估计概率分布，当使用 MFCC 特征时，数据的真实分布共使用 8 个高斯分布进行拟合，而 DBM 提取的特征仅使用了 5 个。MFCC 特征由于无法预先预测其分布情况，每类均需要更多的高斯分布对实际的样本分布进行拟合。这说明 DBM 提取的特征概率分布与聚类方法匹配的情况下，使用的高斯数目与实际数目更接近，这从另一方面反映了无监督的 DBM 网络提取的特征具有更好的聚类能力。

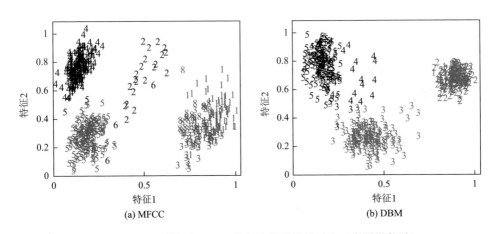

图 6-11　MFCC 特征与 DBM 特征聚类效果的对比（彩图附书后）

利用不同的特征和聚类算法的组合，在两个数据集上得到的聚类结果见表 6-2 和表 6-3。每种方法均通过 50 次实验，对 ARI 指标以平均值和标准差（ARI±STD）的形式给出，MVCR 以平均值给出。其中本章提出的联合优化算法是在训练 DBM＋DP-GMM 后，通过进一步对参数进行优化，重新聚类得到实验结果，因此，联合优化后性能的提升是建立在原有系统已经达到的性能基础之上的。由于 k-means 算法无法预测类别数这个参数，本实验中使用了两种设置，[1]k-means 算法

和 ^2k-means 算法分别使用了利用 DP-GMM 预测的类别数以及实际类别数情况。从表 6-2 和表 6-3 中可以看出，使用 DBM + DP-GMM 的方式比其他方法具有更好的识别性能，而在此该系统已经得到较好聚类结果的基础上，本章提出的联合优化算法能够更进一步提升该系统的性能。

从表 6-3 中也可以看出，在 MFCC 特征聚类性能较差时，使用实际类别数的 ^2k-means 算法得到的实际性能反而不如使用更多类别数的 ^1k-means 算法。这说明，DP-GMM 预测的类别数反映了该特征真实的聚类中心数目，而在该数据集上 MFCC 特征分布显然不能满足 k-means 算法的前提假设，按照人工经验，提供更少的实际类别数反而容易造成不同类目标的混淆，这一点也可从 6.1 节看出。这种情况下使用更多的类别数目反而有利于区分不同类目标，减少异类目标混淆，进而提升聚类性能。而 DBM 特征显然同类聚集效果更好，这时使用实际的类别数设置效果更佳。

表 6-2　数据集 1 中不同聚类方法组合的聚类性能综合对比

测试方法	ARI±STD	MVCR			类别数目	
		1	2	3	最少	最多
MFCC + DP-GMM	71.47±8.70	98.02	47.12	72.22	6	10
MFCC + ^1k-means	53.06±8.13	55.41	48.53	56.95	—	—
MFCC + ^2k-means	74.23±19.29	99.84	90.54	63.25	—	—
DBM + DP-GMM	85.50±1.66	98.04	87.73	85.06	5	6
DBM + ^1k-means	75.64±5.27	77.44	90.62	74.31	—	—
DBM + ^2k-means	84.39±4.96	98.55	99.46	84.59	—	—
联合优化	86.67±0.99	98.98	87.29	85.68	5	6

表 6-3　数据集 2 中不同聚类方法组合的聚类性能综合对比

测试方法	ARI±STD	MVCR				类别数目	
		1	2	3	4	最少	最多
MFCC + DP-GMM	65.04±3.11	60.95	96.11	39.94	89.52	7	12
MFCC + ^1k-means	40.47±4.61	34.27	66.79	31.23	63.39	—	—
MFCC + ^2k-means	38.86±4.72	61.23	92.47	52.06	48.41	—	—
DBM + DP-GMM	76.92±3.04	44.99	97.37	68.97	98.60	5	8
DBM + ^1k-means	59.59±6.37	52.15	74.30	57.00	81.02	—	—
DBM + ^2k-means	67.88±10.16	81.50	92.44	76.44	89.25	—	—
联合优化	77.97±2.83	45.02	99.21	69.02	98.93	4	8

与前面使用堆叠 AE 或 RBM 的 DLF 聚类结果对比可以发现，基于 DBM 方法提出的特征具有更好的聚类效果。堆叠 RBM 提取的 DLF 在数据集 2 上使用 DP-GMM 聚类得到的中心数在多次实验中均在 7～12 个，而 DBM 仅为 5～8 个，

通过联合优化后更可能降低为 4～8 个。一方面从聚类中心个数看，本章使用的方法显然更贴近真实类别情况；另一方面从 ARI 指标上看，本章提出的方法也明显优于表 6-1 给出的基于堆叠形式的 DLF。

　　算法的计算时间也是需要考虑的问题。针对数据集 1 中的 2685 个样本数据以及数据集 2 中的 3923 个样本数据，使用前述算法的 MATLAB 程序进行聚类分析，程序运行在 16 核 CPU（Xeon，E1660V4）、128GB RAM 服务器上，对比结果见表 6-4。从表 6-4 中可以看出，使用本章算法进行聚类分析的耗时是可以接受的。

表 6-4　本章算法花费的计算时间　　　　　（单位：s）

数据集	DBM	DP-GMM	联合优化
数据集 1	28.57	60.57	228.56
数据集 2	46.39	215.70	227.71

参 考 文 献

[1]　Bachem O，Lucic M，Hassani S H，et al. Approximate k-means ++ in sublinear time[C]. Proceedings of the Thirtieth AAAI Conference on Artificial Intelligence（AAAI-16），Phoenix，2016：1459-1467.

[2]　Arthur D，Vassilvitskii S. k-means ++：The advantages of careful seeding[C]. Proceedings of the Eighteenth Annual ACM-SIAM Symposium on Discrete Algorithms，New Orleans，2007：1027-1035.

[3]　Ntalampiras S，Potamitis I，Fakotakis N. Probabilistic novelty detection for acoustic surveillance under real-world conditions[J]. IEEE Transactions on Multimedia，2011，13（4）：713-719.

[4]　Reynolds D A，Quatieri T F，Dunn R B. Speaker verification using adapted Gaussian mixture models[J]. Digital Signal Processing，2000，10：19-41.

[5]　Müller P，Quintana F A. Nonparametric Bayesian data analysis[J]. Statistical Science，2004，19（1）：95-110.

[6]　Teh Y W，Jordan M I，Beal M J，et al. Sharing clusters among related groups: Hierarchical Dirichlet processes[C]. Advances in Neural Information Processing Systems，Vancouver，2005：1385-1392.

[7]　Gorur D，Rasmussen C E. Dirichlet process Gaussian mixture models: Choice of the base distribution[J]. Journal of Computer Science and Technology，2010，25（4）：653-664.

[8]　Rand W M. Objective criteria for the evaluation of clustering methods[J]. Journal of the American Statistical Association，1971，66（336）：846-850.

[9]　Salakhutdinov R R，Larochelle H. Efficient learning of deep Boltzmann machines[C]. Proceedings of the Thirteenth International Conference on Artificial Intelligence and Statistics，Sardinia，2010：693-700.

[10]　Hinton G E，Salakhutdinov R R. A better way to pretrain deep Boltzmann machines[C]. Advances in Neural Information Processing Systems，Lake Tahoe，2012：2447-2455.

[11]　Hong C，Yu J，Wan J，et al. Multimodal deep autoencoder for human pose recovery[J]. IEEE Transactions on Image Processing，2015，24（12）：5659-5670.

[12]　Yao X，Han J，Cheng G，et al. Semantic annotation of high-resolution satellite images via weakly supervised learning[J]. IEEE Transactions on Geo-Science and Remote Sensing，2016，54（6）：3660-3671.

[13]　Salakhutdinov R R，Hinton G E，An efficient learning procedure for deep Boltzmann machines[J]. Neural Computing，2012，24（8）：1967-2006.

第7章 水中目标识别技术发展趋势

7.1 水中目标识别技术总体发展趋势

第2～6章阐述了深度学习基本理论及其在水中目标识别领域的适用性问题，并重点阐述了卷积神经网络、循环神经网络、生成对抗网络的构建方法和改进形式，探讨了影响因素。还针对标记样本少或缺失情况，分别给出了深度半监督和无监督水中目标分类识别方法，并提出了相应的参数联合优化方法。

基于机器学习的水中目标识别作为模式识别的一种独特应用，是一项难度极大的研究，不仅每一个关键技术环节都蕴含了大量需要解决的问题，而且存在有效样本获取难、应用场景复杂多变等特殊困难。当前该技术已取得了长足的进展，正处于由实验室研究向工程应用过渡的重要阶段，相关的功能需求、技术指标、核心方法、软硬件设备等方面都在不断演变。以下针对这些方面的发展趋势做简要分析。

7.1.1 功能需求和技术指标发展趋势

以往的研究更多的是在实验室环境中考虑水听器或声呐输出信号，面对当前的各种实际应用，则必须适应应用平台的更新换代，如无人潜航器、水下机器人、无人船、滑翔机等。现有研究大多以已知类别信息的样本作为训练样本，即有监督学习，而实际中的探测与识别对象往往是非合作目标，没有标记信息或标记信息不足，此时则需要具有无监督学习能力。

此外，已有研究通常针对单一信号来源（即一个样本信号对应一个目标），而实际中，往往接收到的是多目标混合信号，这时则要求识别系统首先具备良好的目标信号分离能力。在实际环境中，这种任务需求是客观存在的。

对运动目标而言，由于方位的变化，在进行输出信号分类识别时样本信噪比发生改变，这给分类识别研究带来了困难。对于快速运动目标，还有必要考虑多普勒效应带来的影响。

实际应用中，利用单水听器作为接收装置通常难以满足要求，往往需要阵列装置。因此，基于阵列输出的目标识别是必须研究的问题。根据阵列输出信号对水下远场目标进行分类，首先需要进行阵列信号预处理，通常包括方位角估计、波束形成、目标跟踪，然后提取目标特征和分类决策。未来随着侦察和探测系统的发展，探测系统网络化是必然的趋势，毫无疑问，随着探测模式的增加，以及阵列数量或阵元数量的增加，能够同时获取得到的数据也会越多，因此，还要求识别系统具有多源多模态信息融合能力，能有效挖掘大量数据中携带的各种有价值的与目标相关的信息。

现有研究中的数据或实验条件往往是源自特定的海况（特定的海域、气象条件、测试条件），但实际的海洋环境是复杂多变的，同一目标在不同的海域或者不同时间出现在同一海域，都存在训练-测试模式的失配问题，这是一个亟待解决的难题。在少量有效观测样本情况下，解决或缓解训练-测试失配条件下的过拟合问题，实现不同环境、目标工况条件的自主适应，是从基于深度学习的水声目标识别发展走向更高级智能目标识别的主要推动力，也是后者的重要特征。

从技术指标来看，在实验室研究阶段，大多看重不同信噪比、不同训练测试样本比例条件下的正确识别率，如 SNR = 0dB，训练样本∶测试样本 = 1∶3，如果可以获得 80%或 85%的正确识别率，即为较高的性能指标。在面向实际应用时，技术指标可能更为单一（追求稳定的正确识别率），但实质上却更苛刻，因为实际环境中影响性能的因素众多，在不同条件下均具有稳定且较高的正确识别率，这是真正意义上的智能化，也是一项艰巨的任务。当然，识别系统的计算速度（实时性）也是一项实用指标，在满足较高正确识别率的前提下，计算速度越快越好，如能达到实时分析计算则更为理想。

总的来说，随着装备无人化与智能化的进一步发展，对水中目标识别技术的功能和技术指标的要求还会不断提高，尤其是在实用性能方面的要求会更加苛刻。

7.1.2　软硬件设计发展趋势

目标识别系统最终还是要装备于舰艇、无人潜航器或浮标等实际平台载体之上，因此，必须研制小型化的硬件系统，且需要满足人机交互和数据传输接口的要求。同时，还需要解决好小型系统与大量复杂计算之间的内在矛盾，因此，软件系统最好具有自适应能力，即根据数据和环境特点自动选择合适的算法或软件模块（进行组合），以满足简化计算的条件下具有较高的正确识别率。深度学习领域的轻量化模型研究方向也是顺应这方面的需求而提出的。当然，计算效率还与硬件设备的性能有关。可喜的是，近年来各种高性能小型化芯片和嵌入式系统正在快速发展，而且性价比越来越高，这为本领域的研究工作向工程应用发展提供了良好的契机。

7.1.3　关键技术发展趋势

很显然，要适应前述功能需求和技术指标等方面的发展趋势，最终还要落实到数据预处理、特征提取、分类决策等关键技术层面。除了继续发展已有的各类频谱特征和时频特征提取与分析，以及统计分类技术之外，还可以进一步拓宽思路，借鉴相关领域的新思想和新理论。研究者注意到，近年来在信号处理、人工智能等领域出现了一些新的研究热点，如压缩感知（compressed sensing）或稀疏信号处理（sparse signal processing）、深度学习（deep learning）、脑机接口（brain-computer interface）等，这些理论已经在图像识别和语音识别等领域得到了不少应用，研究已经证明，利用这些方法可以取得比传统方法更好的特征提取或分类识别性能。

从发展趋势来看，这些技术总体呈现出稀疏化（样本压缩或特征优选）和智能化（更接近人脑工作模式）的趋势。相信这种技术发展趋势还将会维持很长的时间。

7.2　深度学习应用于水中目标识别尚需解决的问题和解决思路

在前述的技术发展趋势中，深度学习可谓异军突起，格外引人关注，不仅在水中目标识别领域，在其他涉及信号识别的领域几乎都已开始了相关研究，因此，本节重点分析深度学习应用于水中目标识别尚需解决的问题及解决思路。

7.2.1　尚需解决的问题

1. 小样本导致的过拟合问题

深度神经网络相比于传统神经网络而言，形式上主要体现在网络层数的增加，相应的模型参数也会大幅增加，这对训练样本数量和质量提出了更高的要求。如果样本量不足（相比于模型复杂度而言是失配的），或者样本信噪比过低，就容易产生过拟合现象。也就是过度使用与类别无关的噪声进行训练，导致在训练集上的损失小，在验证集或测试集上的损失大。然而，水声目标数据样本获取困难，而且在实际应用中总是面临强干扰、低信噪比问题，因此，过拟合问题是首先需要解决的问题之一。

2. 神经网络层数增大带来的深层网络优化问题

神经网络参数学习是非凸问题，梯度下降算法是优化参数的主要方法。但是，网络层数急剧增加，有可能导致梯度消失或梯度爆炸等现象，这主要是算法中的求导运算导致的，如对激活函数求导得到的范围在(0, 1)，则在多层神经网络向前传递的梯度可能在(0, 1)之间，若每层之间的梯度均在(0, 1)之间，逐层缩小，就会出现梯度消失现象。反之，如果层层传递的梯度大于 1，则经过逐层扩大，就会出现梯度爆炸现象。两种现象都是神经网络学习过程应该避免的现象。

网络优化还可以与其他优化算法结合，如遗传算法、编码算法等进化算法（evolutionary algorithm）[1, 2]，甚至利用深度学习算法优化深度学习网络，本书不妨将其称为"深度"深度学习（deep deep learning）。

3. 深度学习模型的可解释性问题

深度学习类似于黑箱子，其良好的非线性拟合或预测精度是如何实现的，尚缺乏足够的理论基础，因此，可解释性是困扰研究人员的一个难题。神经网络各种参数（如隐藏层数）的设置和优化方面的理论依据也显不足，这往往与研究人员的主观经验有一定的关系。这也可以说是深度学习方法的一个痛点问题。

7.2.2　解决思路

1. 样本数量和质量的限制问题

在样本质量方面，需在预处理阶段进行信号分离及增强等处理，对于噪声干扰严重的情况，可以考虑用数据清洗或修正来解决。对于样本数量与模型复杂度失配的情况，首先需要限制模型的表示能力，其次则需要通过实验采集数据或通过仿真产生更多的训练样本，也可以借助生成式模型增加源数据，如生成对抗网络[3]。

2. 神经网络层数增大带来的梯度消失或梯度爆炸问题

可以考虑的解决思路包括：①对网络模型进行优化设计，尤其是网络层数方面可重点考虑；②可另选激活函数，如常用的 Sigmoid 函数易出现梯度消失问题，而 ReLU 不易出现这方面问题；③对于梯度爆炸问题，可以选用权重正则化（weight regularization）或梯度截断（gradient clipping）等方法；④采用长短期记忆单元相关的神经元结构也可以避免梯度爆炸问题，如循环神经网络。

在 CNN 基础上发展而来的 ResNet 和 DenseNet 等新模型也有望在多层网络参数优化方面取得突破。但是，ResNet[4] 和 DenseNet[5] 计算复杂度高，影响网络训练速度，较难应用于移动端小型设备。ShuffleNet[6] 是一个计算效率很高的 CNN 算法，它采用点态组卷积（pointwise group convolution）和通道随机混合两种运算机制，能在保证计算精度的同时显著降低计算成本，是一种实用性较强的轻量化网络模型。

对于小样本水声目标识别领域，如何选取合适的轻量化模型显得格外关键。

3. 深度学习模型的可解释性问题

深度学习模型的可解释性可以分为全局可解释性和局部可解释性。前者试图将神经网络中每个神经元学习得到的东西进行可视化，从而理解神经网络为何对整个输入空间有效，后者试图理解为什么神经网络将特定的对象判定为某一类，只关注输入空间中在这个对象周围的小范围区域。

在实际水声目标识别研究中，利用 t-SNE 等可视化技术理解高维特征的分布，是一种较好的手段。

另外，结合各层深度神经网络的响应与可物理解释的部分特征（如线谱、听觉谱）之间的关联，进行特征统计分析，也是一种研究可解释性的思路。

此外，还可以将脑电实验等方面的研究结合起来，开展听觉感知（解释听觉特征的有效性）、大脑学习（解释深度学习的有效性）等方面的机理研究，并且还可以与注意力机制等与人的感知更为相关的一些研究方向结合起来。当然，这些方向的研究还需要做更广、更深层次的学科交叉，涉及生理学、心理学、心理声学、医学等学科领域。

总体而言，深度学习的引入，为智能水中目标识别带来了很多新的思路，无论从识别能力提升还是鲁棒性增强方面，都可以带来好处。不过，在实际工程应用中，除了前述几个方面的问题有待更深入研究之外，还有一些实际需求值得关注。

例如，如何发挥深度学习在多目标、多场景识别中的作用？这就需要研究迁移学习（transfer learning）[7]或多任务学习（multi-task learning）[8]，目的是模型同时进行多个任务时，能够将其他任务中学到的知识（通过隐藏层参数共享等方式）应用于目标任务中，从而提升目标任务的识别效果。这种学习模式可以适应多个任务场景，对于增加模型的泛化能力非常有利。

再如，实际中无法回避的情况是，目标类别信息常常是未知的（非合作目标），此时，要求实现无监督学习。实际上，人和一些动物都具有无监督学习能力，若要使机器更接近人脑的学习模式，无监督学习需要得到更好的发展。此外，深度强化学习[9]也是一个研究方向。它是从外部环境到行为映射的学习，不要求预先给定任何数据，可以在新数据中学习到有效的数据，通过接收环境对动作的激励（反馈）获得学习信息并更新模型参数且做出修正，从而实现机器自主学习。

总之，深度学习再次受到关注也只有十余年的时间，但它发挥了催化剂作用，使人工智能在视觉、语音、文本识别等领域取得突破性的进步，又一次掀起了人工智能热潮。虽然目前仍然存在一些有待深入研究的地方，但深度学习是目前最接近人类大脑工作原理的机器学习算法。相信在不久的将来，随着深度学习算法的不断完善、各种学习数据的积累，以及模拟人类大脑神经元材料等硬件层面的技术发展，深度学习一定会进一步推动人工智能的发展和应用。

参 考 文 献

[1]　Mallipeddi R，Suganthan P N，Pan Q K. Differential evolution algorithm with ensemble of parameters and mutation strategies[J]. Applied Soft Computing，2011，11（2）：1679-1696.

[2]　Deb K，Pratap A，Agarwal S，et al. A fast and elitist multi-objective genetic algorithm: NSGA-II[J]. IEEE Transaction on Evolutionary Computation，2002，6（2）：182-197.

[3]　陆晨翔，王璐，曾向阳. 水下目标信号的结构化稀疏特征提取方法[J]. 哈尔滨工程大学学报，2018，39（8）：1278-1282.

[4]　Hong F，Liu C，Guo L，et al. Underwater acoustic target recognition with ResNet18 on ShipsEar dataset[C]. 2021 IEEE 4th International Conference on Electronics Technology（ICET），Chengdu，2021：1240-1244.

[5]　Gao Y，Chen Y，Wang F，et al. Recognition method for underwater acoustic target based on DCGAN and DenseNet[C]. 2020 IEEE 5th International Conference on Image，Vision and Computing（ICIVC），Shanghai，2020：215-221.

[6]　Ma N，Zhang X，Zheng H T，et al. ShuffleNet V2：Practical guidelines for efficient CNN architecture design[C]. European Conference on Computer Vision，Munich，2018：122-138.

[7]　Rajendran J，Prasanna P，Ravindran B，et al. ADAAPT：A deep architecture for adaptive policy transfer from multiple sources[EB/OL]. (2015-10-10)[2023-05-10]. http://arxiv.org/abs/1510.02879v1.

[8]　Parisotto E，Ba J L，Salakhutdinov R. Actor-mimic：Deep multitask and transfer reinforcement learning[C]. International Conference on Learning Representations 2016，San Juan，2016.

[9]　Sutton R S，Barto A G. Reinforcement Learning：An Introduction[M]. Cambridge：MIT Press，2018.

索　引

彩　　图

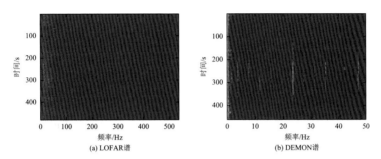

图 1-1　目标信号的 LOFAR 谱和 DEMON 谱

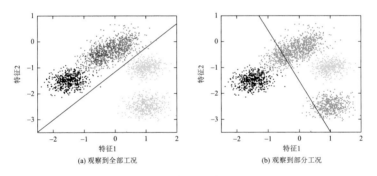

图 1-4　训练-测试失配问题

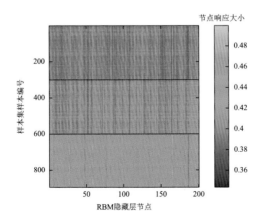

图 2-23　三类数据在 RBM 隐藏层节点响应上的区分性

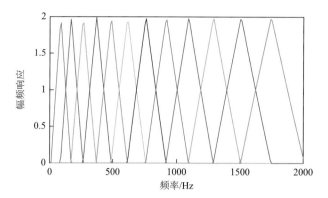

图 2-27　Mel 滤波器组的幅频响应

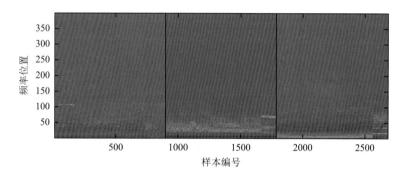

图 2-29　数据集时频图

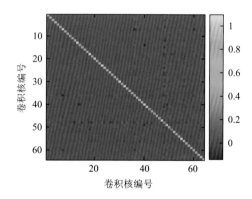

图 3-2　CNN 中卷积核（滤波器）的正交性

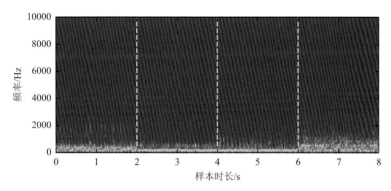

图 4-2 四类船只的时频特性

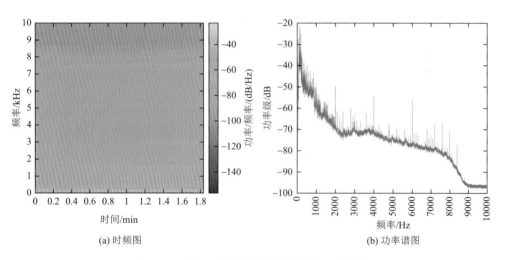

(a) 时频图

(b) 功率谱图

图 4-7 快艇 2 直行阶段的时频图和功率谱图

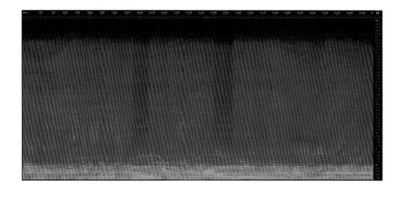

图 4-8 快艇 2 转弯阶段的时频图

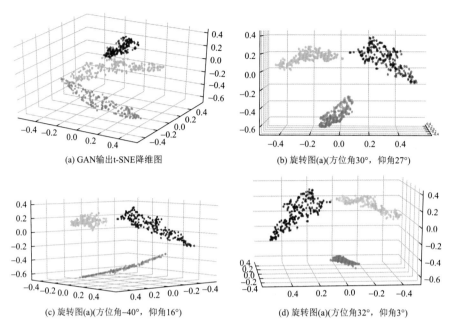

(a) GAN输出t-SNE降维图

(b) 旋转图(a)(方位角30°，仰角27°)

(c) 旋转图(a)(方位角-40°，仰角16°)

(d) 旋转图(a)(方位角32°，仰角3°)

图 5-3 GAN 网络层输出的 t-SNE 特征可视化图形

图中不同颜色的点代表三类特征；三维坐标分别表示特征大小，无单位

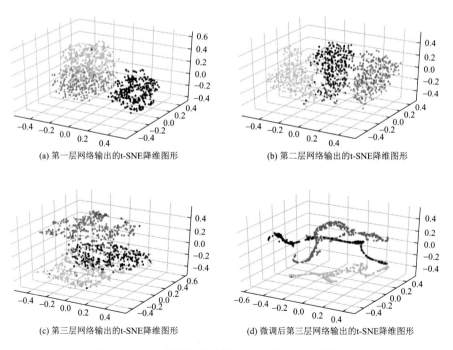

(a) 第一层网络输出的t-SNE降维图形

(b) 第二层网络输出的t-SNE降维图形

(c) 第三层网络输出的t-SNE降维图形

(d) 微调后第三层网络输出的t-SNE降维图形

图 5-4 DAE 网络层输出的 t-SNE 特征可视化图形

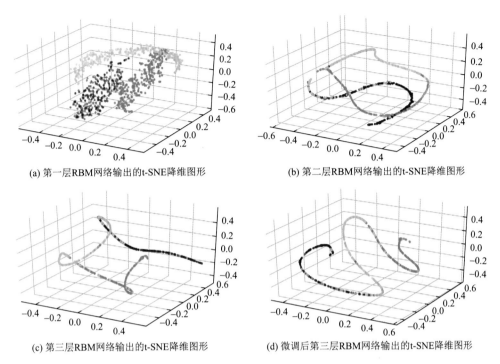

(a) 第一层RBM网络输出的t-SNE降维图形　　　　(b) 第二层RBM网络输出的t-SNE降维图形

(c) 第三层RBM网络输出的t-SNE降维图形　　　　(d) 微调后第三层RBM网络输出的t-SNE降维图形

图 5-5　DBN 网络层输出的 t-SNE 特征可视化图形

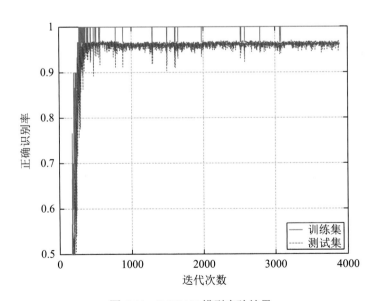

图 5-10　DCGAN 模型实验结果

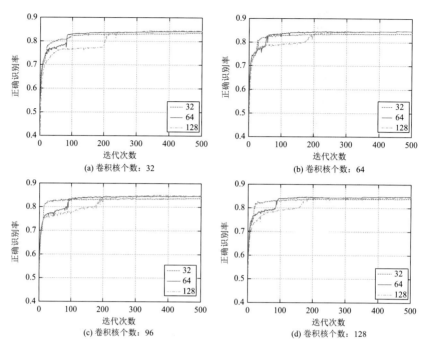

图 5-12　DCGAN 模型性能随卷积核个数与尺寸变化结果

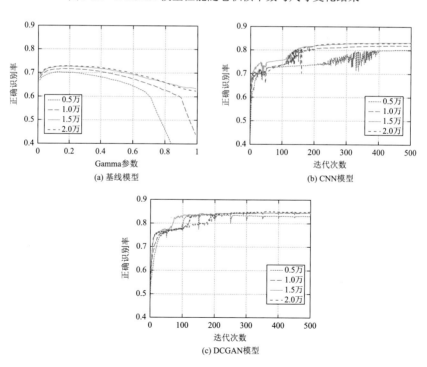

图 5-13　数据集中含有不同数量标记样本时模型正确识别率

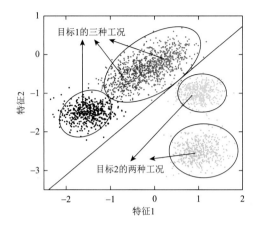

图 6-1　有监督目标识别与无监督聚类分析的关系

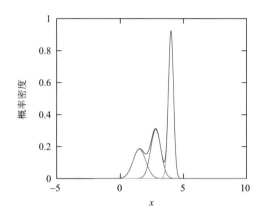

图 6-2　一维情况下 GMM 的概率密度函数

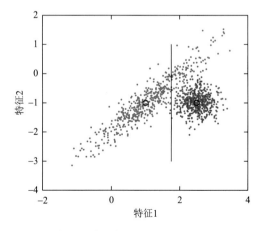

图 6-5　非圆形边界两类目标使用 *k*-means 聚类分界面示意图

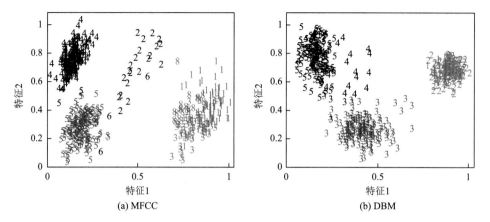

图 6-11　MFCC 特征与 DBM 特征聚类效果的对比